国家自然科学基金资助项目(51974147,11072103)

残留煤层封存 CO_2 驱替 CH_4 产出机理研究

吴 迪　孙可明　刘雪莹　著

东北大学出版社

·沈阳·

ⓒ 吴迪　孙可明　刘雪莹　2020

图书在版编目（CIP）数据

残留煤层封存 CO_2 驱替 CH_4 产出机理研究 / 吴迪，孙可明，刘雪莹著 . — 沈阳：东北大学出版社，2020.7
ISBN 978 - 7 - 5517 - 2428 - 9

Ⅰ. ①残… Ⅱ. ①吴… ②孙… ③刘… Ⅲ. ①煤层—地下气化煤气—油气开采—研究 Ⅳ. ①P618.11

中国版本图书馆 CIP 数据核字（2020）第 122933 号

出 版 者：东北大学出版社
　　　　　地址：沈阳市和平区文化路三号巷 11 号
　　　　　邮编：110819
　　　　　电话：024 - 83687331（市场部）　83680267（社务办）
　　　　　传真：024 - 83680180（市场部）　83687332（社务办）
　　　　　网址：http：//www. neupress. com
　　　　　E-mail：neuph@ neupress. com
印 刷 者：沈阳市第二市政建设工程公司印刷厂
发 行 者：东北大学出版社
幅面尺寸：170mm ×240mm
印　　张：11
字　　数：204 千字
出版时间：2020 年 7 月第 1 版
印刷时间：2020 年 7 月第 1 次印刷
责任编辑：王兆元
责任校对：孙　锋
封面设计：潘正一
责任出版：唐敏志

ISBN 978 - 7 - 5517 - 2428 - 9　　　　　　　　定　价：38. 00 元

前　言

目前，CO_2等温室气体大量排放，造成"温室效应"问题日益突出。对 CO_2 进行地质封存可有效缓解温室效应，这对于环境与生态保护有重要意义。常见的 CO_2 封存场所包括枯竭油气藏、深部咸水层和残留煤层。我国煤炭资源丰富，由于赋存条件和开采技术限制，导致大量煤炭资源残留于井下。由于煤对 CO_2 具有较强的吸附能力，残留煤层不仅可以封存 CO_2，而且可以同时置换出赋存在煤层中的煤层气（又称煤层甲烷），提高煤层气产量。煤层气主要以吸附态和游离态赋存于煤层，CO_2 注入煤层发生渗流、扩散、竞争吸附、置换作用后驱替出煤层中的 CH_4，而 CO_2 最终主要以吸附态赋存于煤层的孔隙、裂隙中。利用上述方法，既能达到储存 CO_2 的目的，又能高效开发残留于煤层中的 CH_4。

本书的主要内容是多年来著者在渗流力学理论、物理实验、数值计算等方面研究工作的总结和拓展。全书共分 6 章：第 1 章介绍了国内外研究现状；第 2 章介绍了煤层气储集层特征；第 3 章介绍了 CO_2 物理性质以及 CO_2 对煤体作用机理；第 4 章研究了煤中 CH_4、CO_2 吸附解吸渗流机理及规律；第 5 章分析了不同储层条件下煤层注入 CO_2 驱替 CH_4 规律及机理；第 6 章建立了煤层注 CO_2 驱替 CH_4 的数学模型，并进行了数值求解；第 7 章，结论。本书对部分内容进行了探讨，涉及的内容有限，部分问题有待深入研究。书中一些观点及理论成果有待进一步完善，期待与同行进一步交流，促进煤层封存 CO_2 驱替煤层甲烷问题研究深入发展。

书中研究及成果发表得到了国家自然科学基金（No. 51974147，No. 11072103）资助。

由于著者水平所限，书中难免存在不足和欠妥之处，恳切希望读者批评指正。

著　者

2020 年 6 月

目 录

1 绪 论

"温室效应"已成为全球的热点问题，其主要原因是 CO_2 气体的大量排放，导致气温升高、大量冰川融化、海平面相对上升、部分物种灭绝、土地干旱、沙漠面积逐渐增大等问题。科学家分析，如果地球表面温度按现在的速度持续升高，那么到 2050 年，相比于现在全球温度将上升 2~4 ℃，南极和北极冰山将大范围融化，导致海平面大幅度上升，一些岛屿国家和大部分沿海城市将淹没于海水中，其中包括世界上一些著名的国际大城市纽约、上海、悉尼和东京等。应对气候变化和低碳发展已经成为世界的共识。中国每年 CO_2 气体的排放量位居世界前列，近年来也受到了严重的气候灾害影响。据统计，2012 年我国由于化石类燃料燃烧所产生的 CO_2 气体排放量超过了 70 亿 t，其中来自煤炭燃烧产生的 CO_2 气体排放量占 83.5%。伴随着"后京都时代"的到来，中国国务院已经发布了《中国应对气候变化国家方案》，并于 2009 年在哥本哈根气候会议上承诺，到 2020 年单位 GDP 温室气体排放量比 2005 年下降 40%~50%，将此作为长期约束性指标纳入社会发展和国民经济的长期规划中[1-2]。2014 年，在《联合国气候变化框架公约》第 20 轮缔约方会议上，中国承诺将严格控制 CO_2 排放量。2015 年，巴黎气候大会上通过了《巴黎协定》。2016 年，190 多个国家探讨了《巴黎协定》的实施细节，并强调了应对气候变暖和降低温室气体排放量的重要性。同年，中央政府工作报告中提出未来五年将单位国内生产总值 CO_2 排放量降低 18%。2017 年，全国人民代表大会通过《关于 2016 年国民经济和社会发展计划执行情况与 2017 年国民经济和社会发展计划的决议》，计划单位国内生产总值 CO_2 排放量下降 4%。可见，在不影响经济发展的前提下，采取有效措施降低 CO_2 排放量迫在眉睫。

如何减少 CO_2 气体排放量，如何降低"温室效应"对环境的危害，成为人类所关注的热点问题。将 CO_2 封存于地下是减少温室气体排放的有效方法之一。CO_2 的地下封存研究开始于 20 世纪 70 年代末，直到 21 世纪初期"温室效应"的危害性引起人们重视后，CO_2 气体地下封存技术才得到迅速发展。该技术是：

把从工业场所排放的 CO_2 气体集中起来，注入到适合进行地下封存的地层中隔离[3]。主要分为以下几个过程：首先对大规模集中排放源的废气进行分离并压缩，得到液体 CO_2；然后利用管道输送到指定隔离场地；最后调整压力，注入地下深处的地层中。将 CO_2 气体封存在无商业开采价值的煤层中，是 CO_2 气体地下封存的一种主要途径。

我国残留煤层封存 CO_2 的潜力是十分巨大的。由于煤矿在生产过程中受煤储层赋存条件和开采技术等因素制约，导致大量煤炭资源不可开采（据统计，约有 50% ~70% 的煤炭资源残留于井下），这正是 CO_2 地下封存的有利场所。同时，残留煤层中聚集着大量 CH_4 气体[4]，其储量保守预计可达 7000 亿 m^3，如果作为资源来开采，其产量将不可预估。但由于煤层 CH_4 主要以吸附态或游离态赋存于煤层中，其产出是一个复杂的吸附/解吸、扩散/渗流过程，现有的 CH_4 抽采技术主要针对煤层物理性质和地质环境给予人为干扰，包括水压致裂抽放、密集钻孔抽放、水力割缝抽放、水力冲孔抽放、开采解放层强化抽放方法等，但每种技术的应用都具有一定的储层特殊性和工作条件等限制。根据我国部分试井煤层瓦斯采收率数据统计，我国煤层瓦斯的采收率平均值为 35%，变化区间为 8.9% ~ 74.5%[5]。由于煤层对 CO_2 的吸附能力远大于 CH_4[6-9]，根据煤对 CH_4 气体和 CO_2 气体吸附的差异性，可以利用 CO_2 注入煤层而强化抽采 CH_4。当 CO_2 注入到煤层后，在煤层的孔隙裂隙中与 CH_4 相混合，经渗流、扩散、竞争吸附、置换后驱替出煤层中的 CH_4，CO_2 最终主要以吸附态赋存于煤层的孔隙裂隙中。因此利用上述方法，既能开发利用残煤中的 CH_4，又能达到封储存 CO_2 的目的。

20 世纪 90 年代初，美国利用煤层注入 CO_2 气体强化 CH_4 回收的方法，已经在圣胡安盆地的一个气田建立了全球第一个 CO_2-ECBM 试验工程[10]，之后许多发达国家都对此方法同样进行了工程试验，并取得了成功。利用常规的煤层 CH_4 开采技术，可采系数在 40% ~60% 之间，若采用煤层注入 CO_2 强化 CH_4 回采技术，理论上抽采率可达 100%[11]，实际现场应用可采系数达 77% ~95%[12]。对煤层进行 CH_4 强化开采过程中，将工业场所排放的 CO_2 废气集中注入煤层，驱替出煤层中吸附态的 CH_4 使其转化为游离态，同时由于 CO_2 的注入，孔隙压力也随之增加，促使 CH_4 气体从煤层中解吸出来，这样即增加煤层 CH_4 的产量，提高 CH_4 采收率，又可以减小温室效应，缓解了电厂对环境排放 CO_2 废气的压力。但由于残留煤层受开采扰动影响，煤层内部应力分布复杂，煤介质系统存在块状的散体结构和实体结构，残留煤层中存在 CH_4 和 CO_2 的二元混合气体等众多影响因素，致使残留煤层中 CH_4 赋存条件更加复杂，CH_4 吸附、解吸和渗流规律不可预测。目前我国对残留煤层注入 CO_2 气体驱替煤层 CH_4 的研究工作处于起步阶段，还有待进一步研究。

1.1 煤层气开采技术研究现状

目前，常规煤层气开采技术包括水力压裂、水力割缝、多水平分支井、注气增产等技术。

水力压裂技术是指将高压水流注入煤层，煤层中裂缝扩展、延伸，煤层渗透率得到提高。孙炳兴[13]等利用水力压裂技术开展了现场试验，分析了致裂增透的机理，结果表明水力压裂技术能够有效提高煤层渗透性。闫金鹏[14]利用 RFPA 软件进行了水力压裂数值模拟计算，研究了压裂过程中压裂孔附近裂纹扩展规律，并分析了渗透率和应力变化规律。李国旗等[15]将水力压裂技术应用至高瓦斯低透气性突出煤层，确定了技术参数，并在义安矿进行了现场试验，得出适合于义安矿的合理注水参数。郭臣业[16]等开发出煤层水力压裂数值模拟与优化软件，提出了封堵方法及探测的关键技术，并将试验结果应用于重庆某矿井。水力压裂技术发展较为成熟，并且技术成本较低。

冯增朝等[17]为提高低渗透煤层渗透性提出了水力割缝技术，利用特大煤样开展了钻孔和割缝对比试验，结果表明，水力割缝能提高煤层气排放速度、缩短排放时间，随着煤层埋深增加，增渗效果越明显。唐巨鹏等[18]利用有限元分析软件模拟了水力割缝开采煤层气过程，指出地应力对煤层气运移影响显著，并建立了水力割缝开采煤层气的平面应变模型。

定向羽状水平井技术也是目前开采煤层气的重要手段之一。张冬丽等[19]考虑了启动压力梯度和井筒内压降损失，建立了定向羽状水平井开采数学模型，重点分析了启动压力梯度对产量的影响。郭立波等[20]分析了定向羽状水平井开采方式，结合煤层气吸附解吸及渗流特征，提出了双重介质中煤层气和水的流动方程，建立了孔隙度和渗透率随压力变化的数学模型。

常规煤层气增产技术均能够在一定程度上提高煤层渗透性，但各种技术均存在一定的不足。利用水压致裂方法抽采煤层 CH_4 效果与煤层地质条件有关，包括煤的硬度、脆性和节理发育等因素，例如条带亮煤煤层抽采率较高，暗煤不适合于这种抽放方式。在生产实践中应用水力压裂技术时发现：煤体吸附压裂液后，基质膨胀，造成孔/裂隙堵塞，渗透率降低。由于煤体容易破碎，施工过程中产生的煤粉和煤屑能够堵塞裂缝，易引发事故。应用水力割缝技术时，水压只能达到 15 MPa 左右，裂缝宽度较小。例如钻孔的有效抽放半径随抽放时间的延长而逐渐增大，当两钻孔之间的距离增至极限半径的 2 倍时，即使延长抽放时间，钻孔之间煤体的 CH_4 也很难抽采。此外，缺少专业设备、工艺复杂，应用范围及现场推广受限。定向羽状水平井技术适用于较厚煤层，并且对地质条件有一定要求，难以实现大面积现场应用[21]。

目前，世界上一些发达国家已经利用煤层注气驱替 CH_4 技术进行煤层 CH_4 开采，但此项技术在我国还处于起步阶段。近年来，在美国、加拿大、日本等国家此项目研究发展迅速，并进行了一系列现场工业性实验。美国第一个提出利用 CO_2 强化煤层回收 CH_4 的方法，其实质是利用 CO_2 气体，采用由地面气井压入煤层，并从另外一井析出 CH_4。由于气体在井下的流动、驱替或置换十分复杂，很难检测到精确的流速和压力等参数，因此目前普遍针对 ECBM 技术采用物质实验模拟和数值模拟的方法。注气增产技术不仅可以提高气体渗流扩散速度，还可以降低煤层中 CH_4 分压，促进 CH_4 解吸，提高煤层气采收率。

1.2　煤层中气体渗流规律研究现状

气体在煤层中的渗流过程，既受到地应力和孔隙压力的影响，又受到地温梯度等因素的影响，因此揭示热力作用下煤层 CH_4 的渗流规律是必要的，国内外许多学者在此方面做了大量的研究工作。

地应力主要由煤层的重力和煤层的构造力所形成，煤层 CH_4 的孔隙压力与地应力之间存在密切联系。煤层孔隙裂隙中的 CH_4 受地应力作用，使其具有一定的压力，这种 CH_4 气体的孔隙压力又反作用于煤层孔隙壁上，因此地应力与煤层 CH_4 孔隙压力是一组作用力与反作用力，彼此之间相互作用。随着煤层开采深度的增加，地应力和 CH_4 的孔隙压力逐渐增大，这对煤层 CH_4 的渗透率起着重要的影响[22]作用。

在地应力和温度对煤岩渗流特性影响的实验研究方面，杨胜来等[23]做了两组温度条件下的煤层渗透性随气体孔隙压力变化关系，得出了煤体渗透率随温度升高而增大的结论，但没有进行更多温度条件下煤层渗透率测定实验；梁冰等[24-26]研究了岩石的渗透率随温度变化的关系，结果表明温度变化对渗透率的影响存在一个阈值；张广洋等[27-29]均以原煤试样为研究对象，研究了地应力、环境温度、煤中水分等因素对煤层 CH_4 渗透率的影响；徐增辉等[30]以软岩为研究对象，研究了水在软岩中的渗透性随温度的变化规律，得出软岩的渗透系数随着岩体温度的升高而增大；胡耀青等[31]以褐煤为研究对象，在不改变孔隙压力和体积应力的条件下，研究了褐煤对于气体的热渗透性能随地应力和温度的变化规律。

王登科[32]利用三轴渗透仪研究了煤中瓦斯渗透率随应力场的变化规律，得出煤中瓦斯渗透率随着围压和轴压的增加而减小，随孔隙压力的增加而增大。围压上升或下降过程中，煤中瓦斯渗透率会受到一定程度的损害，其损害程度可以用渗透率损害率和最大渗透率损害率来表征。全应力-应变三轴压缩试验过程中，含瓦斯煤的渗透率呈"V"字形变化趋势；渗透率随煤样的应变先减小后增大，然后达到最大值，并且渗透率的增幅小于其减幅。

近年来不少学者在气体渗透理论模型方面做了大量的研究工作，关于煤层渗透率的理论模型，研究国内外学者的成果较多[33-43]。文献[33]研究了具有裂纹的煤体在三轴应力作用下 CH_4 气体和 N_2 的渗透率，得出了煤样渗透率敏感地依赖于应力的作用，并得出随着地应力的增加，煤层对气体的渗透率按指数关系减小。文献[34]在通过研究有效应力对煤层渗透率影响后发现，煤层对气体的渗透率变化与地应力之间呈现指数关系。文献[35]得出的煤岩渗透系数 K_h 与应力 p 的关系为 $K_h = K_0 + A \left(\dfrac{\rho g b^2}{4\nu} \right) \dfrac{p - p_0}{K_h}$。文献[36]假设裂缝很软，则变形引起的裂隙岩体渗透率的变化可由关系式 $\Delta K = \dfrac{\rho g}{12 s \mu} (b + s \Delta \varepsilon)^3$ 确定。文献[37，38]在考虑了岩体中裂缝与岩石的弹性变形后，得出了裂隙岩体渗透系数与应变的关系为 $\Delta K = \dfrac{\rho g b^3}{12 s \mu} \left[1 + \Delta \varepsilon \left(\dfrac{K_n b}{E} + \dfrac{b}{s} \right)^{-1} \right]^3$。文献[39]利用自制的三轴渗透仪和煤岩渗透试验台对阳泉矿务局煤层所取煤样进行了三维应力情况下的渗透率测试实验，得出了煤体吸附作用和三维应力对煤层瓦斯渗透率的影响规律，指出，由于煤体对瓦斯的吸附作用，渗透系数与孔隙压力之间呈负幂函数变化规律，变形作用则体现出渗透系数与有效体积应力之间呈负指数变化规律。根据吸附与变形同时作用的结果，得出渗透系数随孔隙压力变化之间存在临界值 p_c，当 $p < p_c$ 时渗透系数衰减，当 $p > p_c$ 时渗透系数增加，并推导出了渗透系数随孔隙压力和体积应力变化的关系式。文献[40]通过三维应力作用下煤岩裂缝渗流的实验研究，得出了反映裂缝连通系数、法向刚度、三维应力、初始张开度和泊松比的裂缝导水系数公式——$K_f = \dfrac{g}{12\nu} d_0^3 \exp \left\{ \dfrac{-3 [\sigma_2 + \mu(\sigma_1 + \sigma_3) - \beta P]}{K_n} \right\}$。文献[41-43]利用三轴渗流实验装置，在围压不变的情况下，分别在 20 ℃、30 ℃、40 ℃、50 ℃下测定了瓦斯渗流量，经对所测数据分析得出煤层瓦斯渗透率 K 与煤体温度 T 成幂函数关系，可表示为 $K = K_0(1 + T)^n$。

当 CO_2 温度和压力超过临界条件时，CO_2 处于超临界状态。Vishal 等[44] 研究了超临界 CO_2 在煤层中渗流规律，并利用 N_2 比较了超临界 CO_2 注入前后煤体渗透性变化规律。Ranathunga[45] 在温度为 38 ℃、注入压力为 6～10 MPa 条件下利用大尺寸（直径为 203 mm，长度为 1000 mm）圆柱体煤样进行了 CO_2 渗流试验，并比较了超临界 CO_2 注入前后试样的渗透性，结果表明超临界 CO_2 注入煤体后煤体结构发生变化从而影响渗透性。2017 年，Ranathunga 等[46] 研究了不同体积应力条件下煤阶对超临界 CO_2 渗透率的影响规律，试验结果表明，煤吸附超临界 CO_2 能够引起煤中大孔结构重新排列，引起渗透率降低。孙可明等[47] 利用自制三轴渗透仪开展了不同温度和压力条件下型煤试件中超临界 CO_2 渗流实验，观察到超临界 CO_2 作用后煤中有类似蜂窝的孔裂隙，表明超临界 CO_2 能够显著提高煤层渗透性。

1.3 煤层中 CH_4/CO_2 吸附解吸规律研究现状

在煤对各种气体吸附能力研究方面，国内外许多学者[48-51] 对不同气体的吸附解吸能力进行了测定，研究结果表明：在吸附过程中，不同气体的吸附能力由小到大依次表现为 N_2、CH_4、CO_2；在解吸过程中，考虑不同种类煤之间煤阶的差异，普遍情况是 CH_4 最先解吸，但也有 CO_2 最先解吸的情况。根据不同种类气体之间吸附能力的差异，在混合气吸附过程中，是否存在气体之间的竞争吸附以及吸附能力强的气体驱替置换吸附能力弱的气体，国内外学者对此开展了多元混合气体吸附的大量研究工作。

在煤对多元混合气体的吸附研究方面，普遍采用静态法进行实验研究。静态法是根据高压容量法，在等温条件下测定单组分 CH_4 气体的吸附线基础上发展而成的一种新方法[52-53]，主要分为两类：一是保证混合气压力不变，对气体浓度进行改变；二是保证混合气配比浓度不变的基础上，不断提高气体压力。虽然第二种方法初始气体浓度不变，但对应每个压力点测取游离相气体浓度时，都会使得气体的质量减小，进而影响最终的实验结果。由于这种实验方法操作简单，所以目前在国内外被普遍使用[54]。

在煤对多元混合气体的吸附规律研究方面，早在 20 世纪 70 年代初，Ruppel 等[55] 以干燥煤样为研究对象，研究 CH_4/CO_2 混合气体的等温吸附过程，并利用理想吸附液理论计算了二元气体的吸附量。1985 年，Saunders 等[56]以两种煤和几种其他种类的吸附剂为研究对象，研究了 CH_4/H_2 混合气的竞争吸附规律。1990 年以后，煤对多元混合气组分的吸附规律研究迅速为人们所关注。在国外，Harpalani 通过实验研究发现[57]，在煤对多元混合气的吸附解吸过程中，吸附过程和解吸过程是可逆的，并且符合压力与吸附量关系曲线，解吸气中吸附能力强的气体组分较大。Greaves 等[58]同样进行了混合气的吸附解吸研究，但得出吸附量和解吸量随压力变化存在明显差异，并把这种现象描述为解吸的滞后现象。V. Goetz 等[59]对 CO_2 与 CH_4 混合气体在活性炭中的吸附进行了实验研究，并获得了最高压力 3.5 MPa、温度为 298 K 条件下不同气体的吸附等温曲线。在国内，张晓红等[60]选取焦煤和气煤的煤粉试样，进行了 CH_4/CO_2 不同浓度混合气体的等温吸附 – 解吸实验。代世峰等[61]研究了等温条件下 CO_2/CH_4 混合气吸附特性，用扩展 Langmuir 方程的推论计算了 CH_4/CO_2 二元气体各组分在吸附相中的浓度。于洪观等[62]进行了煤对 CH_4/CO_2 二元气体等温吸附特性及其预测。

唐书恒等[63]在等温条件下开展了二元混合气吸附试验，得出在 CH_4/N_2 混合气竞争吸附的过程中，游离相中 CH_4 的浓度逐渐减小而 N_2 的浓度逐渐增加；在 CO_2/CH_4 混合气竞争吸附的过程中，游离相中 CO_2 的浓度逐渐减小而 CH_4 的浓度逐渐增加。试验最终结果验证了三种气体在竞争吸附的过程中，CO_2 吸附能力最强，而 N_2 的吸附能力最弱。

张子戎等[64]利用焦煤的平衡水煤样对不同浓度的 CH_4 和 CO_2 混合气体做了吸附 – 解吸实验，得出吸附和解吸平衡时，游离相中的 CO_2 浓度低于原始混合气体中的 CO_2 浓度，CH_4 浓度高于原始气体中 CH_4 浓度，实验结果证实了 CO_2 在与 CH_4 的竞争吸附中占据优势。

煤的吸附性是由于煤内部结构的不均匀性和分子作用力的不同而产生的，吸附能力的大小主要取决于煤自身结构和变质程度、被吸附物质的性质、煤体所处环境等因素。由于煤对气体的吸附是一种持续现象，因此吸附环境显然十分重要，如煤中的气体压力、环境温度、水含量以及气体种类等。

在煤对 CH_4 的吸附解吸影响因素方面，目前国内外研究成果普遍认为，煤对 CH_4 的吸附解吸过程是可逆的[65]。压力是煤对 CH_4 吸附能力的主要影响因素，在等温条件下，煤对 CH_4 的吸附量随着压力升高而增大，当压力升高到一定值时，煤对 CH_4 的吸附达到饱和状态，吸附量不再继续增加，因此可用 Langmuir 方程来表达上述过程[66-74]。

影响煤吸附能力的另一主要因素是煤阶，煤层在平衡水条件下吸附能力随煤阶的升高而增加。Yee D 等[75]利用不同煤阶干燥煤样进行吸附量测定实验，得出煤的吸附能力呈 U 形态势。Levy J H 等[76]利用实验发现不同煤阶的 Langmuir 吸附体积变化趋势不同，原因是由于高阶煤对水分的吸附能力较弱，而低煤阶煤对水分的吸附能力较强。Gan H 和 Lamberson M N 等[77-78]指出了不同种类的煤内部孔隙结构随煤阶的变化规律：褐煤煤阶越高，内部中孔和微孔越多，而大孔逐渐减少；无烟煤内部结构不随煤阶变化，都是以微孔为主；镜质组微孔居多，而惰质组以中孔和大孔占主导地位；暗煤内部总孔容比相同或相等煤阶的亮煤大，但亮煤内部的比表面积比暗煤大。Levine J R 等[79]通过实验发现，煤岩内部孔隙结构和煤阶是影响煤中气体吸附能力的主要因素，暗煤的微孔比亮煤要少，而微孔的数量随镜质组含量的提高而增加。

灰分和水分也是影响煤吸附性能的因素之一。Unsworth J F 和 Crosdale P J 等[80-81]指出，成煤原始环境中的沼泽类型，是决定煤中灰成分和灰分产率的主要因素。Cecil C B 等[82-85]指出，煤中 CH₄ 的吸附能力主要取决于煤中的灰分产率，灰分产率不仅与成煤原始环境植物中的无机物有关，还与沼泽中水流携带的无机物有关。Ayers W B 等[86-87]指出，煤中 CH₄ 的吸附能力与煤中的灰分产率呈现负相关关系，这主要是由于煤中矿物质含量的增加，导致煤基质表面分子层容积相对减少。目前尚无明确研究结论指出水分影响煤中气体吸附能力的机理。Lamberson M N 等[78,88]研究发现，煤中水分导致气体吸附能力降低的主要原因是由于煤层中的含氧量与水分之间存在密切关系，彼此之间存在强烈的相互作用的结果。Jouber J I 等[89]认为，由于煤内部孔隙裂隙吸附的水，导致气体的吸附空间减小，相同体积干燥煤内部比饱和水煤内部的孔隙裂隙空间大，因此气体吸附量相对较大。Krooss B M 等[90]指出，煤的含水程度是影响气体吸附的主要原因，其影响程度远大于煤的灰分。Laxminarayana C 等[91]认为，煤中的水分会占据煤基质表面的吸附位，进而减小气体的吸附量。

Nikolai S 等[92]在恒定体积应力条件下开展了超临界 CO₂ 吸附试验，提出最佳注气压力为 8～10 MPa。Hol S 等[93]研究了超临界 CO₂ 在煤层中的吸附特性，得到在 40 ℃和注入压力 0～16 MPa 条件下，几乎全部 CO₂ 都吸附于煤基质中。Bae J S 等[94]分析了高压条件下煤样吸附 CO₂ 行为，随着温度上升吸附量极大值出现时的压力降低。Buseh A[95]等开展了高压 CH₄ 及 CO₂ 吸附试验，发现煤阶与含水量影响煤对气体的吸附能力。郑新军等[96]建立了微孔吸附超临界 CO₂ 的晶格模型，并预测了不同温度条件下吸附等温线。孙家广[97]研究了无烟煤吸附超

临界 CO_2 规律，并且对比不同吸附理论模型对试验数据的拟合结果，提出最佳吸附模型。

1.4 煤层注 CO_2 驱替 CH_4 的研究现状

近年来，有关专家学者[98-105]在 CO_2 驱替煤层气方面做了大量的实验研究。如 K. Damen 等应用一种关于社会经济标准和技术的多重标准分析方法，分析了中国进行 CO_2 的煤层地质封存的经济性；J. Kolak 和 R. Burruss 对深部煤层开展了注入 CO_2 驱替煤层 CH_4 的试验，同时开展了利用超临界状态下的 CO_2 萃取不同煤阶煤中的烷烃物质试验，发现超临界状态下的 CO_2 对萃取低阶煤烷烃物质的效果要优于高阶煤的萃取效果；Y. Kurniawan 等利用数值模拟的方法，对 CH_4 和 CO_2 的混合气体在煤内部孔中的竞争吸附进行了研究；K. Jessen 等利用煤粉末合成的煤样试件，进行了注气开采煤层气的试验和模拟研究；T. Theodore 等介绍了澳大利亚国立大学联合南加利福尼亚大学进行的一些煤层储存 CO_2 的试验及模拟研究，主要研究了煤层的结构对 CO_2 地质储存的影响；冯启言等利用 COMSOL Multiphysics 软件建立了关于二元气固耦合的数学模型，并对煤层变形与气体吸附之间的关系进行了数值模拟研究；李向东等在 40 ℃等温条件下，对晋城无烟煤煤粉颗粒进行了不同压力下气体的吸附解吸实验和注入 CO_2 驱替 CH_4 的试验；唐书恒等在等温条件下，对山西沁水盆地的贫煤和无烟煤试样进行了吸附解吸实验和注入 CO_2 驱替 CH_4 试验。

梁卫国等[106]利用大块原煤试件开展了注入 CO_2 置换 CH_4 试验，得出了 CO_2 的吸附体积为单位体积原煤的 17.47 ~ 28.00 倍，不同种类煤对 CO_2 的吸附体积和 CO_2/CH_4 置换体积比也不同；在试验初始阶段，解吸气中 CH_4 的含量为 20% ~ 50%，实验中期和后期，解吸气中 CH_4 的含量维持在 10% ~ 16%；气体注入倍数、注气压力、煤层中 CH_4 含量及气体渗透能力是决定 CH_4 产出量的主要因素；在 CO_2 注入过程中，煤体会发生变形现象。

Lee[107]等分别利用烘干煤样和含水煤样研究了不同温度和压力条件下煤中超临界 CO_2 与 CH_4 混合气竞争吸附试验。Topolnicki[108]建立了型煤试件中 CO_2/CH_4 竞争吸附简化模型。梁卫国等[109]研发了超临界 CO_2 驱替 CH_4 试验装置，利用原煤试件开展了 50 ℃、不同体积应力条件下超临界 CO_2 驱替 CH_4 试验，并且分析了试件体积变化规律，试验结果表明，弱黏煤和焦煤试件中 CH_4 产出率分别达到 38.32%、49.19%。Yang 等[110]在 50 ℃、体积应力 28 MPa 条件下开展了超临界

CO_2 驱替 CH_4 试验，驱替效率达到了 77.8%。李得飞等[111-112]开展了等温或等压条件下超临界 CO_2 驱替 CH_4 试验。

在数值模拟方面，孙可明和吴嗣跃等[113-115]针对煤层注气驱替提高 CH_4 采收率（CO_2-ECBM）的技术特点，根据混合气体的 Langmuir 多组分吸附解吸方程、菲克扩散方程以及水气两相流控制方程，建立了煤层注气驱替提高 CH_4 采收率的基本方程；以饱和度、毛管压力和气相总压与分压等为基础，建立了辅助方程，联合初始条件和边界条件，利用工程实例得出煤层混合气各组分浓度分布、压力分布和渗流规律的定律关系。

注入超临界 CO_2 后煤体力学性能会发生变化。Kross[116]、Stuart D[117] 和 M. S. A. Perera[118] 等先后研究了煤体吸附超临界 CO_2 膨胀现象。孙可明等[119]研究了不同温度和压力条件下煤体注超临界 CO_2 后的体积变形规律。贾金龙[120]、牛严伟[121] 等研究了超临界 CO_2 注入无烟煤后引起的应变和渗透率变化规律：煤岩微观孔隙结构变化能够直接反映宏观上由吸附、渗流引起的煤岩力学性质和体积变化。岳立新等[122]研究了超临界 CO_2 作用前后煤样渗透性变化，结果表明渗透率提高了一个数量级，并通过 CT 扫描测试分析了微观孔/裂隙变化。Perera 等[123-124]研究了饱和吸附超临界 CO_2 煤试件的力学性能，试验结果表明试件强度降低。Anggara[125] 研究了煤吸附超临界 CO_2 后体积及渗透率变化规律。Zhang[126] 利用原位 X 射线断层扫描装置研究了经超临界 CO_2 处理的煤样孔/裂隙变化规律。Liu C J 等[127]利用压汞试验研究了超临界 CO_2 处理的煤岩颗粒微观孔径变化，结果表明，处理后的煤岩真密度、孔隙度和孔隙体积明显增大，煤阶和灰分含量会影响超临界 CO_2 的处理效果。Kutchko B G 等[128]利用扫描电镜观察超临界 CO_2 处理的煤岩孔隙微观特征变化，总结出经超临界 CO_2 处理的煤样孔裂隙无明显变化，而当以 CO_2 和 N_2 作为分子探针时，发现微孔和介孔表面积有微弱变化。杨涛等[129]对比了 CO_2 抽提前后原煤试件的显微 CT 扫描图，结果表明，由于超临界 CO_2 的萃取作用，煤体孔裂隙发育程度增大。王倩倩[130]研究了超临界 CO_2 对煤样物理化学性质的影响规律，并分析了煤的理化性质对吸附动力学和静力学行为的影响。王治洋[131]模拟了超临界 CO_2 与煤的流固耦合作用，并且采用 XRF、ICP-MS、ICP-OES 设备对比分析了常量元素和微量元素含量。Zhang 等[132]研究了经超临界 CO_2 处理前后煤样微观变化，研究结果表明，超临界 CO_2 并未改变孔隙形状，但能够引起煤样的分形维数减小。

1.5 本书主要内容

综上所述，近年来研究者们在煤储层对 CH_4 的渗流、吸附机理、吸附模型和多元混合气的实验研究、数值模拟等方面做了大量的研究工作，并取得了许多重要成果。以往试验多在等温条件下采用毫米级以下的煤粉颗粒试样，难以揭示非等温条件下煤层中气体的吸附、解吸和渗流机理。另外，深部残留煤层的高地温和地应力使 CO_2 处于超临界状态，超临界 CO_2 独特的性质增加了流体运移复杂程度，因此揭示 CO_2 气体/超临界 CO_2 驱替残留煤层中 CH_4 具有重要的实际意义。

本书主要以块状煤试件为研究对象，开展 CH_4 和 CO_2 的非等温渗流、吸附解吸实验，饱和 CH_4 煤样注入 CO_2 的驱替试验及有限元数值计算，对于 CH_4/CO_2 在残留煤层中的渗流、扩散、吸附、解吸、置换和驱替机理进行深入系统的研究。本书第 1 章介绍了注气增产技术研究背景；本书第 2 章分析了煤层气储集层特征；第 3 章介绍了 CO_2 气体、超临界 CO_2 的物理性质，并分析了 CO_2 驱替 CH_4 的机理；第 4 章开展了不同工况组合条件下煤中 CH_4、CO_2 的渗流、吸附/解吸试验，分析了 CH_4、CO_2 渗流、吸附解吸机理，建立了 CH_4 和 CO_2 的吸附模型；第 5 章开展了煤注 CO_2/超临界 CO_2 驱替 CH_4 研究，分析了 CO_2 驱替 CH_4 机理；第 6 章基于油气渗流力学、连续介质力学理论，建立了连续介质场模型，模拟了不同工况下抽采 CH_4 规律。本书从宏细观室内试验到有限元数值模拟，覆盖范围较为广泛。

2 煤层气的储集层特征

煤层是煤层气的源岩，煤在演化和变质过程中产生大量的气体，一部分气体保留在煤层中，煤层中的孔隙和裂隙为煤层气的赋存提供了空间，同时也为其运移提供了通道，因此煤层又是煤层气的储集层，可见煤层气是一种自储自生的非常规天然气，煤层的孔隙特征、渗流能力、吸附能力等与常规天然气相比有其自身的特殊性。因此常规的油气藏模拟的理论和方法不能完全用于煤层气的储层模拟，要建立适合煤层储层特点和煤层 CH_4 运移特性的储层模拟理论和方法，首先要弄清煤层气储层特征和煤层气储集、运移和产出机理。

2.1 煤层气的储层特性

煤层 CH_4 是在煤化作用过程中形成的保存在煤层中的碳氢化合物，因煤层是煤层气的源岩又是煤层气的储集层，它不但具有容纳气体的能力，还具有容许气体流动的能力，与常规的油气储层不同，只有全面了解煤层作为储集层时所表现的特殊性，才能更进一步研究煤层天然气的赋存、聚集以及煤层甲烷的产出机理。

2.1.1 煤的孔隙类型

因受沉积物组成、煤化作用和后期构造运动的影响，煤层中的孔隙可分为原生孔隙、次生孔隙和裂缝三大类。在沉积时形成的沉积物细粒之间的孔隙称为原生粒间孔隙，这类孔隙随煤化作用的加深不断减少，在煤阶较高的煤中基本消失，其直径约为 $0.1 \sim 100$ mm，分布有规律；在煤化过程中形成的孔隙称为次生孔隙，直径一般约为 1 mm，形状为圆形、椭圆形或水滴形，其分布无规律，多成群出现。第三种孔隙为裂缝，包括煤化作用裂隙和构造裂隙。

2.1.2 煤的孔隙系统

煤中的孔隙大小相差极大，大者可至数微米级的裂隙，小的连氮分子也无法通过。根据煤的孔隙直径大小，煤孔隙分为微孔（<2 nm）、中孔（$2\sim50$ nm）、大孔（>50 nm）。煤的孔隙结构分基质孔隙和裂缝孔隙，构成煤的双重孔隙系统。煤有许多裂缝，按倾角大体分为两类。割理的间距和方位一般是均匀的。根据形态和特征将割理分为面割理和端割理，较发育、延伸远、连续性好的为面割理，端割理一般连续性差，并在面割理处终止。如图 2.1 和图 2.2 所示。割理将煤体切割成许多小块体（称基质块体或基岩块体），裂缝的形成是煤化作用过程的结果，煤化作用使煤体产生内部裂隙，它对煤的储集性能至关重要。煤在后期变化中较易沿这种裂隙发生变化，煤中发育裂隙是极为重要的，裂隙不仅是储气空间，同时它又可以使基质孔隙连通，增强储集层的渗透性，在煤层 CH_4 开发前期进行的改造措施对煤体的裂隙发育起到促进作用，从而使 CH_4 开采更易进行。基质块体中有发育孔洞孔隙。虽然煤层孔隙度很小，但由于煤层 CH_4 是煤本身在热演化过程中生成的，生成量也很大，所以只要有较高的压力，就可保存相当数量的 CH_4。煤中的气体主要以吸附状态存在。

 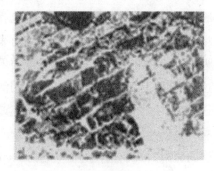

图 2.1 实际煤样的剖面图   图 2.2 割理和裂隙分布图

2.1.3 煤层的渗透性

煤的渗透率通常较小，在一般情况下，煤层渗透率随压力（或深度）的增加而减少。当煤层压力递减时，煤中割理宽度变小，而随着煤中气体的解吸排出，导致煤基质块收缩，割理宽度变大，说明煤的渗透性随着开采时间延长有逐渐增强的趋势；距气井越远，渗透率的变化越小；煤的割理越发育，气体相对渗透率就越高。煤层的渗透率与煤的变质程度、煤岩组分和煤的灰分有密切关系。低变质的褐煤、长焰煤和气煤孔隙度大、孔隙喉道粗，具有较低的排驱压力，其渗透率最高；中等变质的肥煤和焦煤的渗透率次之；中、高变质的瘦煤至无烟煤渗透率较低。煤中惰质组（特别是胞腔未被充填的结构丝质体）含量越高、灰分越低，则煤层渗透率越高，反之越低。煤层的渗透率各向异性十分明显。因为它在很大程度上受裂隙控制。在裂隙发育且延伸较长的方向，煤往往具有较高的渗透率，这一方向的渗透率要比垂直方向高出几倍甚至一个数量级。另外，煤层渗透率对应力最为敏感，煤层渗透率随有效应力增大而减小，其关系式为

$$K = K_i \cdot e^{3c\Delta\sigma} \tag{2-1}$$

式中：K 为一定应力条件下绝对渗透率；K_i 为无应力条件下的绝对渗透率；c 为煤的孔隙压缩系数；$\Delta\sigma$ 为从初始到某一应力状态下有效应力的变化值。

2.1.4　煤的内表面积

煤是一种孔隙度低但较小孔隙极发育的储集体，内表面积非常大。煤的比表面积可达 $100 \sim 400\,m^2/g$。煤的内表面积大小与变质程度有关，与小孔和微孔的发育程度关系密切。由于煤具有较大的内表面积，因此有利于天然气在煤储集层中的聚集。

任何固体表面从某种程度上看都是粗糙的。如肉眼观察很平坦的面，在显微镜下观测时则显示出凸凹不平的特征。也就是说，随观测分辨能力的提高，更深一级的粗糙面将被揭示。所以固体的绝对表面是测不准的，为解决这一难题，多采用人为规定的标准，将在一定分辨能力下测得的表面积作为该固体表面积的近似值，这一表面积称为比表面积。最常用测定比表面积的方法是浸润热法，该方法基于任何物理吸附都是放热反应的基本原理。

$$Q = q_{imm} \Sigma \tag{2-2}$$

式中：Q 为吸附时放出的热量；q_{imm} 为 $1\ cm^2$ 表面浸润至湿时放出的热量；Σ 为固体的比表面积。

通常固体的比表面积用单位体积内的总面积或单位质量总面积来表示。煤的比表面积非常大，采用 CO_2 做介质测得煤的比表面积大体为 $100 \sim 400\,m^2/g$，这也正是煤对煤层气有着强烈吸附能力的原因。

总之，与常规砂岩储层对比，煤储层是一种特殊的储集层，因而煤储层与常规砂岩储层相比有诸多不同，见表 2.1。

表 2.1   砂岩储层与煤储层特性对比

对比项目	常规砂岩储层	煤储层
储层岩性	矿物质	有机质
生气能力	无	有
储气机理	常规天然气通过构造圈闭或岩性圈闭聚集，自由气储存在孔隙介质中	煤层气通过煤系地层吸附储集，气体以吸附态为主，有少量的自由气
孔隙大小	大小不等	多为中孔（2～3 nm）和微孔（<2 nm）
孔隙结构	单孔或双孔结构，裂隙、溶洞、断层等代表天然气裂隙系统，且为随机分布	割理把煤体分割为割理系统和基质系统，割理代表煤的裂隙系统，且分布均匀
开采，运移机理	由压力梯度引起的层流流动，一般服从达西定律，只要生产压差大于启动压差便可以采气，紊流发生在钻孔附近	煤层气通过排水排砂降压，使储层压力低于解吸压力，通过解吸扩散，渗流采气，在基质系统中发生有浓度梯度引起的扩散流动，在割理系统中发生压力梯度引起的渗流流动
储量估算	可用孔隙体积法	孔隙体积法不适用
井孔稳定性	一般井孔较稳定	由于煤被割理分割和煤强度较弱以及煤较脆，井孔易坍塌
储层中的水	推进气的产生，无须先排水	阻碍气的产出，要先排水
机械特性	胶结性好，较致密，弹性模量比煤高，泊松比比煤低	易碎，弹性模量比砂、页岩低，泊松比比砂、页岩高
压裂	低渗透储层才需压裂，易产生新裂缝，处理压力相对较低	一般要压裂，压裂后使原有裂隙变宽，处理压力高，压裂漏液损失量大
井间干扰	邻近注水可保持住压力，达到稳产	通过邻井排水加速压力均匀下降，产出更多的气
泥浆、水泥对储层的侵害	相对弱	严重，应尽力避免

2.2 煤层气储集机理

煤层对煤层气的容纳能力远远超过自身基质孔隙和裂隙体积，所以煤层气必定以不同于天然气的状态赋存。目前对于煤层气赋存状态比较一致的认识是：它以吸附态、游离态和溶解态储集在煤储层中;吸附气可占煤层气总量的 70% ~ 95%,其中游离气约占总量的 10% ~ 20%,溶解气所占比例极小;煤层气的主要成分为甲烷,含有少量的 CO_2、N_2 和重烃类。

2.2.1 溶解态储集机理

煤层气储层多是饱含水的,在一定压力下必定有一部分煤层气溶解于煤层的地下水中,称为溶解气,其溶解度可用亨利定律描述:

$$p_b = K_c C_b \qquad (2-3)$$

式中:p_b 为溶质在液体上方的蒸气平衡分压,Pa;C_b 为气体在水中的溶解度;K_c 为亨利常数。不同温度、压力和含盐度条件下 CH_4 在水中的溶解系数不同。

该定律表明,在一定温度下气体在液体中的溶解度与压力成正比,亨利常数取决于气体的成分与温度,同一气体在不同温度下和不同气体在同一温度下的亨利常数都是不相同的,温度越高则溶解度越小,水的矿化度越低,煤层气的溶解度越低。

2.2.2 游离态储集机理

煤的孔隙或裂隙中有一部分自由气体,称为游离气体,可以自由运移,可用常规气田方法进行研究,这种赋存状态的气体符合气体状态方程。气体是容易被压缩的流体,对于理想气体,在等温条件下,其密度与压力成正比,即

$$\rho = \frac{p}{RT} \qquad (2-4)$$

式中:R 为气体常数,对于真实气体,可引进一个修正因子 Z 对理想气体状态方程(2-4)加以修正,即其状态方程为

$$\rho = \frac{p}{RTZ} \qquad (2-5)$$

式中:Z 为偏差因子,它通常是气体压力和温度的函数。

真实气体的地层体积系数 B_g 定义为:地层条件下单位质量气体所占的体积与地面标准下单位质量气体所占的体积之比,即

$$B_g = \frac{Q}{Q_{SC}} = \frac{p_{SC} TZ}{p T_{SC}} \qquad (2-6)$$

式中:下标 "SC" 表示标准条件,$p_{sc} = 0.101325$ MPa,$T_{SC} = 393$ K,偏差因子 $Z = 1$。

2.2.3 吸附气储集机理

（1）煤对 CH_4 的吸附能力和吸附模型

煤中煤层气的含量远远超过其自身孔隙的容积，用溶解态和游离态难以解释这一现象。因此必定存在其他赋存状态，即吸附态。所谓吸附，是指气体与煤基质表面接触时所发生的积蓄现象，通常以凝聚态或类液态存在。吸附过程分为物理吸附和化学吸附。物理吸附是由于物体分子间的范德华力和静电力所产生，吸附过程的吸附热较低，吸附过程速度快并且是可逆的，吸附过程中没有电子转移；化学吸附是通过电子转移或电子对共用形成化学键或生成表面配位化合物等方式产生的吸附，其吸附速度较慢，吸附过程不可逆。由于煤内部具有较大的比表面积，并且对气体具有较强的亲和力，因此煤层中的 CH_4 能够稳定地赋存于煤层之中。煤层对气体的吸附过程实质上是煤基质表面与气体之间的一种相互作用的过程，当 CH_4 气体分子与基质表面相互接触时，由于基质表面分子存在自由引力，所以有一部分气体会被吸附并释放吸附热，同时基质表面吸附的一部分 CH_4 分子在振动和热运动作用下，获得动能进而克服基质表面引力场的作用，重新转化为游离态，这种过程称为解吸。当吸附速度与解吸速度相同时，煤基质表面上吸附的气体分子数量就维持在某一定值，此时称为吸附平衡。吸附平衡时气体的吸附量与气体的压力和温度有关，即可用函数关系 $V = f(P, T)$ 表示，这是一个动态平衡状态。上述函数关系中，可用以下方法来确定：

① 等温条件下测取吸附量随压力的变化曲线；

② 等压条件下测定吸附量随温度的变化曲线；

③ 吸附量或吸附体积一定时，不同温度条件下的压力变化曲线。

上述三种曲线之间可以相互转换，由于第 1 种实验方法简单，所以实践中通常测量等温条件下吸附平衡时吸附量与气体压力之间的关系曲线，并且利用这一曲线，可以估算煤层中 CH_4 的储存量、临界解吸压力等在煤层气勘探过程中的一些主要参数。目前描述物质对于气体的等温吸附曲线主要分为 5 类，如图 2.3 所示。针对上述吸附曲线，人们提出了不同的数学模型对其进行描述，主要分为单分子层吸附理论、多分子层吸附理论、吸附势理论等。国内外大量实验数据表明，煤对 CH_4 气体的吸附过程与第 I 类曲线相符合，属于单分子层物理吸附，并可以用 Langmuir 方程进行描述。

（2）等温吸附定律

1916 年，法国化学家朗格缪尔在研究固体表面对于气体吸附的过程中，以

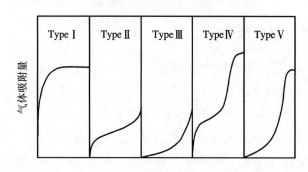

图 2.3　物理吸附的 5 种等温线类型

动力学观点为基础，得出了单分子层吸附的状态方程，即 Langmuir 方程[133]，其基本假设为：①吸附平衡是一种动态平衡；②固体表面是均匀的；③分子间的作用力只存在于固体与气体之间；④吸附的气体在固体表面仅形成单分子层。大量实验数据和理论分析表明，煤体表面对 CH_4 的吸附特性为单分子层吸附，适用于 Langmuir 方程进行描述，因此在 Langmuir 方程中，CH_4 吸附量和 CH_4 压力之间的关系通常可表示为

$$V = V_m \frac{bP}{1 + bP} \qquad (2-7)$$

式中：V 为吸附量，cm^3/g；V_m 为吸附常数，cm^3/g；b 为压力常数，$1/MPa$；P 为气体压力，MPa。

吸附等温线如图 2.4 所示。若压力非常低，上式演化为亨利公式：

$$V = V_m bP \qquad (2-8)$$

由此可见，低压下吸附量与气体压力成简单的正比关系。

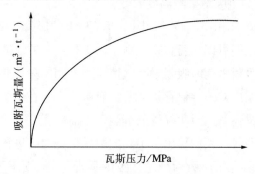

图 2.4　瓦斯压力与吸附瓦斯量的关系

Langmuir 方程能够很好地描述等温条件下，煤气体的吸附量随时间的变化曲线。当达到吸附平衡时，煤内部的孔隙裂隙几乎被所有吸附气分子所充满，此时吸附量最大，称为吸附常数 V_m。当气体压力很低时，吸附量与压力之间符合亨

利公式，Langmuir 压力常数为吸附等温线的斜率；当斜率增大时，等温线逐渐趋于压力轴，此时压力常数就越大。理论上，吸附常数 V_m 受温度的影响较小，而压力常数与温度有关，其关系可由范德霍夫方程给出：

$$b = b_0 \exp(-\Delta H/RT) \tag{2-9}$$

式中，b_0 为常数，1/MPa；ΔH 为吸附能，J/(g·mol)；R 为通用气体常数，$R = 8.314$ J/(g·mol·K)；T 为绝对温度，K。

从式(2-9) 可以看出，b 值是一个与温度和被吸附气体吸附能有关的一个参数，而对于不同种类的煤吸附同一种气体，吸附量之间的差异主要体现在 V_m 值的不同，但同样与温度有关。因此，不同种类的煤吸附不同气体吸附量之间的差异主要体现在 V_m 值和 b 值上的不同。

根据 Langmuir 方程的描述，吸附过程是一个逐渐加压的过程，即吸附量随着压力的增大而增加，低压时符合亨利定律，高压时可以达到气体的吸附平衡，即达到吸附量的最大值。Langmuir 方程中的值 V_m 和 b 值，可以由等温吸附实验数据通过曲线拟合进行确定，即利用 Langmuir 方程中 P/V 对 P 作直线，所得直线的斜率和截距，因此可将 Langmuir 方程写为

$$\frac{P}{V} = \frac{P}{V_m} + \frac{1}{bV_m} \tag{2-10}$$

$$V = V_m \frac{P}{P_L + P} \tag{2-11}$$

式中：$P_L = 1/b$，是吸附量达到极限吸附量的 50% 时的压力，即当 $P = P_L$ 时，$V = 0.5V_m$。

3 CO$_2$气体/超临界 CO$_2$的性质

3.1 CO$_2$的一般性质

在常温常压下，CO$_2$为无色无臭的气体，相对分子质量为44.01，其密度约为空气的1.53倍。在压力为标准大气压（101325 Pa）、温度为0 ℃时，CO$_2$的密度为1.98 kg/m^3。在不同条件下，CO$_2$也可以气、液、固态三种状态存在，固态 CO$_2$也叫干冰。CO$_2$化学性质不活泼，既不可燃，也不助燃，无毒，但具有腐蚀性。它与强碱有强烈的作用，能生成碳酸盐，在一定条件及催化剂作用下，还能参加很多化学反应，表现出良好的化学活性。

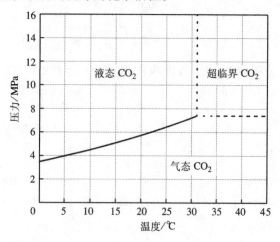

图 3.1 CO$_2$的 P-T 相图

从 CO$_2$的 P-T 相图可以看到，CO$_2$临界点对应的温度为 31.13 ℃，压力为7.38 MPa；在临界点附近，气液两相形成连续的流体相区，它既不同于一般的液相，也不同于一般的气相。

CO$_2$密度变化范围较大。随着压力的增大，CO$_2$密度总体呈增大趋势。如图3.2 所示，压力-温度曲线大致划分为 3 个阶段。

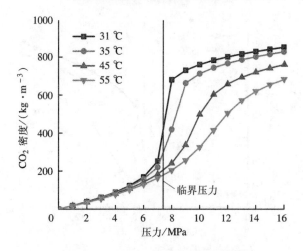

图3.2 CO₂密度值随压力和温度变化曲线

（1）当压力低于 6 MPa 时（此时 CO_2 为气态），随着压力增大，CO_2 密度近似线性上升，变化梯度较小。35 ℃时，压力达到 6 MPa 时 CO_2 密度为 168.55 kg/m³；55 ℃时，压力为 6 MPa 时，CO_2 密度为 129.72 kg/m³。当压力较低时，随着温度增加，CO_2 密度无明显变化。当压力较高时，随着温度增加，CO_2 密度减小。以压力 5 MPa 为例，随着温度从 31 ℃升至 55 ℃，CO_2 密度从 122.74 kg/m³ 减小至 101.41 kg/m³。

（2）当压力介于 6~8 MPa 之间，即临界压力附近，随着压力增加，CO_2 密度增加，变化梯度增加。在相同压力变化范围内，随着温度增加，CO_2 密度变化梯度急剧减小。当压力从 7 MPa 增加到 8 MPa 时，31 ℃时 CO_2 密度从 252.22 kg/m³ 增加至 679.33 kg/m³，变化了 427.11 kg/m³；35 ℃时 CO_2 密度变化了 199.01 kg/m³，而在 55 ℃时 CO_2 密度变化了 40.61 kg/m³。

（3）当压力高于 8 MPa，CO_2 处于超临界状态，随着压力增大，温度为 31 ℃时 CO_2 密度平缓增加，而在其他温度条件下 CO_2 密度急剧增大后平缓增加，即变化梯度先增加后减小。从图中可以看出，随着温度升高，拐点对应压力值增加。当温度为 35 ℃时，压力超过 9 MPa 后 CO_2 密度变化梯度减小；当温度为 45 ℃时，压力超过 11 MPa 后 CO_2 密度变化梯度开始减小；当温度为 55 ℃时，压力高于 12 MPa 时 CO_2 密度的变化梯度开始逐渐减小。

图 3.3 为 CO_2 黏度随温度和压力变化曲线图。类似地，CO_2 黏度值也可以划分为 3 个阶段。

（1）当 CO_2 压力较低（<6 MPa）时，CO_2 黏度值受温度和压力影响较小，变化不大。

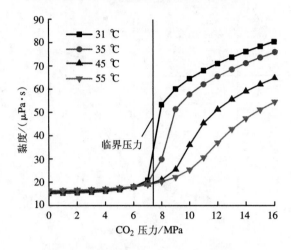

图 3.3 CO_2 黏度值随压力和温度变化曲线

（2）当 CO_2 压力在临界压力附近，CO_2 黏度值变化较大。31 ℃时，当压力从 7 MPa 变化至 8 MPa，CO_2 黏度值从 20.824 μPa·s 升至 53.32 μPa·s，变化了 32.5 μPa·s。

（3）随着压力继续增大，CO_2 黏度值继续增大，但曲线趋于平缓。温度为 35 ℃时，当压力从 8 MPa 升至 9 MPa 时，黏度从 29.843 μPa·s 升至 51.369 μPa·s，变化了 21.526 μPa·s。从图中还可以看出，随着温度升高，CO_2 黏度也呈下降趋势，31 ℃和 35 ℃时 CO_2 黏度值显著高于相同压力条件下 45 ℃和 55 ℃时 CO_2 黏度值。

图 3.4 为 CO_2 压缩因子随温度和压力变化曲线图。从图中可以看出，随着压力增大，CO_2 压缩因子先减小后缓慢增大，曲线可以划分为 2 个阶段：

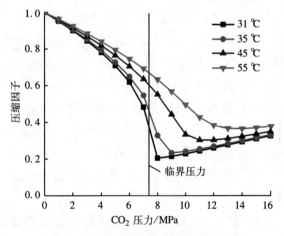

图 3.4 CO_2 压缩因子随温度和压力变化曲线

（1）当 CO$_2$ 压力低于 6 MPa 时，随着压力增大，CO$_2$ 压缩因子变化梯度增大。

（2）当压力达到一定值时，CO$_2$ 压缩因子降至最小值，随后曲线呈平缓上升趋势。

可以看出，随着温度升高拐点对应压力值增加，当温度为 55 ℃时曲线变化逐渐平缓。在相同压力条件下，随着温度升高，CO$_2$ 压缩因子逐渐变大。在低压区（<6 MPa）和高压区（>14 MPa），CO$_2$ 压缩因子变化不大；当压力值在 6 ~ 14 MPa 之间时，CO$_2$ 压缩因子受温度影响较明显。

3.2　超临界 CO$_2$ 的性质

临界状态是物质的气、液两态能平衡共存的一个边缘状态，当流体的温度和压力处于它的临界温度和临界压力以上时，称该流体处于超临界状态。当气体处于其临界温度和临界压力以上状态时，向该状态气体加压，则气体不会液化，只能密度增大，具有类似液态的性质，同时还保留了气体的性质，这种状态的流体称为超临界流体。表 3.1 给出了超临界流体的密度、扩散系数和黏度与一般气体、液体的对比。

表 3.1　　　　　　　　　　气体、液体和超临界流体的性质

性质	气体	超临界流体		液体
	101.32 kPa, 15 ~ 30 ℃	T_c, P_c	T_c, $4P_c$	15 ~ 30 ℃
密度/(g·cm^{-3})	$(0.6 \sim 2) \times 10^{-3}$	0.2 ~ 0.5	0.4 ~ 0.9	0.6 ~ 1.6
黏度/(cm^2·s^{-1})	$(1 \sim 3) \times 10^{-4}$	$(1 \sim 3) \times 10^{-4}$	$(3 \sim 9) \times 10^{-4}$	$(0.2 \sim 3) \times 10^{-2}$
扩散系数/(cm^2·s^{-1})	0.1 ~ 0.4	0.7×10^{-3}	0.2×10^{-3}	$(0.2 \sim 3) \times 10^{-5}$

从表 3.1 可见，超临界流体的密度是气体的数百倍，与液体相当，其黏度接近于气体，比液体小 2 个数量级。因而超临界流体既具有液体溶质的溶解性比较大的特点，又具有气体易于扩散和运动的特性，传质速率大大高于液相过程。超临界流体兼具有气体和液体的性质，更重要的是在临界点附近，压力和稳定的微小变化都可以引起流体密度的很大变化，并相应地表现为溶解度的变化。因此，人们利用超临界流体的这种属性实现了许多工业过程，如超临界流体的萃取，大规模超临界流体萃取的兴起起源于用超临界 CO$_2$ 流体成功地从咖啡中提取咖啡因。

超临界流体萃取具有以下优点。

（1）萃取效率高。由于超临界流体较强的穿透力和较高的溶解度，它能快速地将提取物从载体中萃取出，既节省了溶剂，同时又减少了能源和人力的费用，且萃取结果更接近实际情况，从而提高了后续分析过程的准确性和可靠性。

（2）有利于环保。利于 CO_2 作为萃取剂，解决了有机溶剂对环境的污染，也有利于保护实验室工作人员的健康。

（3）低温萃取。在较低温度下萃取，解决了对热敏感样品的萃取难题。CO_2 的临界压力为 7.38 MPa，临界温度为 31.13 ℃，临界密度为 448 kg/m^3，超临界流体的密度区域可以在很宽的范围内变化，从 150 kg/m^3 增加到 900 kg/m^3，纯 CO_2 的压力与温度和密度的关系如图 3.5 所示。因为溶解能力随密度的增加而增加，另外 CO_2 以其温和的临界条件、无毒、阻燃、价廉易得、溶解能力强等优点，从而满足工业的萃取要求。

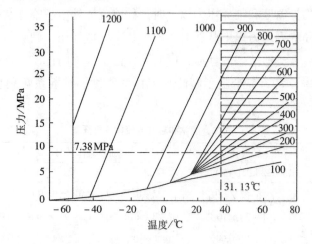

图 3.5　CO_2 压力与温度和密度关系曲线

超临界 CO_2 萃取的基本原理是：作为萃取剂使用的超临界 CO_2 与载体（被萃取物）接触，使载体中的某些组分被超临界 CO_2 溶解并携带，从而与载体中其他组分分离，然后改变条件使超临界 CO_2 分离解析出其所携带萃取成分。

根据 Stahl 等对超临界 CO_2 的溶解规律的研究得知：极性较低的碳氢化合物和类酯有机化合物，如酯、醚、内酯类、环氧化合物等可在 7～10 MPa 较低的压力范围内被萃取出来。对带有极性官能团的有机物，超临界 CO_2 的作用明显降低，更强的极性物质，则很难被超临界 CO_2 萃取出来。

超临界 CO_2 的溶解能力受很多因素的影响，其中压力和温度是关键影响因素。再者，影响超临界 CO_2 流体溶解能力最主要的因素是溶质本身的性质。

3.3 CO₂对煤体的作用机理

对于给定的煤样，在等温吸附过程中，煤对 CH₄、CO₂ 及 N₂ 的吸附量有明显差别，其中煤对 CO₂ 的吸附量最高。通过对煤层注入高压 CO₂ 的方法来促进煤对 CO₂ 的吸附，降低煤对甲烷的吸附，从而实现甲烷解吸的目的。

在注入常规的 CO₂ 驱替煤层气过程中，煤层的总压力基本保持不变。随着注入气体的分压不断增大，瓦斯气体的分压不断减小，注入气体不断被吸附，煤层中的瓦斯不断被解吸出来，并慢慢通过渗流通道，流入到生产井，产出煤层气。

向煤层中注入 CO₂ 具有竞争置换作用、降压分压作用、压裂作用和增能驱动作用，还有 CO₂ 的萃取作用。超临界 CO₂ 的萃取作用，改变了煤体的孔隙率，增大煤层气的渗流通道，加之注入的 CO₂ 对煤层的压裂作用，增加了煤层中的裂隙通道，使解吸出来的煤层气能够通过较多的裂隙以较快的速度渗流到生产井。超临界 CO₂ 同时拥有气体和液体的性质，因此它可以以气体 CO₂ 的身份与瓦斯进行竞争吸附。实验表明，同等条件下，煤对 CO₂ 的吸附能力是 CH₄ 的两倍，即煤内表面两个 CO₂ 分子可以置换一个 CH₄ 分子。并且可以以气相和液相的性质同时在渗流通道内流动，促进 CH₄ 气体以更快的速度渗流到生产井中。

超临界 CO₂ 的萃取过程实质是一个传质过程。煤岩体中极性较低的碳氢化合物和类酯有机化合物，如酯、醚、内酯类、环氧化合物等可在 7～10MPa 较低的压力范围内被超临界 CO₂ 萃取出来，同时煤基质或孔隙中极性较低的碳氢化合物和酯类有机化合物在这一过程中就被溶解，提高了煤的孔隙率。煤岩体渗透率与孔隙率的关系如下：

$$k = \frac{n^3}{c(1-n)^2 S^2} \tag{3-1}$$

式中：k 为煤体渗透率，mD；n 为煤体孔隙率；S 为煤体比表面积，m^2/g；c 为无量纲的常数。

因此，通过改善煤体的孔隙率能够提高煤体的渗透率，从而达到对煤体改性的目的。

为了研究超临界 CO₂ 对煤体的萃取过程中传质本质，提出如下几点假设：

（1）煤体最小颗粒为球状；

（2）煤体颗粒内部的温度和压力是均匀一致的；

（3）萃取过程为一个稳态过程。朱思俊提出的超临界流体的萃取模型如图

3.6 所示。超临界流体将萃取物溶解并携带形成固态萃余物层，外层是超临界流体形成的流体滞留膜层，固态萃余层与流体滞留膜层之间是萃取界面[135]。

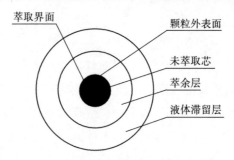

图 3.6　超临界流体萃取固体颗粒示意图

超临界 CO_2 滞留膜层内属于对流传质，单位时间内，超临界 CO_2 传递量为

$$J_{CO_2} = 4\pi r^2 k\left(C_{CO_21} - C_{CO_22}\right) \tag{3-2}$$

式中：r 为萃取物层内径向半径，m；k 为超临界 CO_2 在滞留膜层内的传质系数，m/s；C_{CO_21} 为超临界 CO_2 在膜层外表面的浓度，$kmol/m^3$；C_{CO_22} 为超临界 CO_2 在膜层内表面的浓度，$kmol/m^3$。

煤体内固态萃取物层内的传质为扩散传质。单位时间内，超临界 CO_2 的传质量为

$$J_{CO_2} = 4\pi r_c^2 D\left(\frac{dC_{CO_2}}{dr}\right)_{r=r_c} \tag{3-3}$$

式中：r_c 为萃取芯半径，m；r 为萃取物层内径向半径，m；D 为超临界 CO_2 在煤体中的扩散系数，m^2/s；$\dfrac{dC_{CO_2}}{dr}$ 为超临界 CO_2 在萃取物层内的浓度变化梯度，$kmol/(m^3 \cdot m)$。

萃取界面的传质：

$$J_{CO_2} = 4\pi r_c^2 k C_{CO_2} \tag{3-4}$$

式(3-2)~式(3-4)构成了超临界 CO_2 对煤体萃取作用时的数学模型。

在一定的温度和压力下，超临界 CO_2 对煤体发生萃取作用，使煤基质孔隙中极性较低的碳氢化合物和酯类等有机化合物溶解，伴随着超临界 CO_2 从渗流通道流出，从而提高了煤体的孔隙度，扩大了流体的渗流通道。这对于提高煤层的渗透性，提高煤层气采收率有重要的指导意义。

因此，向煤层中注入超临界 CO_2 不但可以增大孔隙率以及增多裂隙通道，同时还能更大程度地驱替 CH_4，达到增加煤层气产能目的，降低煤矿瓦斯事故危险指数，加快成本回收。

4 煤层中流体吸附解吸渗流机理

4.1 煤层中气体运移、产出机理

4.1.1 煤对气体的吸附原理

煤对气体的吸附性主要是由于分子间的范德华力和煤内部基质表面的分布不均所造成的,吸附性主要与煤吸附气体所处的环境、煤内部结构、煤的变质程度、被吸附气体的种类和煤的有机组成等因素有关。由于煤对气体的吸附过程在煤内部持续进行,因此吸附过程所处的环境条件是影响吸附过程的最主要因素,如煤中 CH_4 压力、煤中水的含量、环境温度、所含 CH_4 的性质和吸附平衡条件等。

(1)气体压力。当煤层表面和气体之间未达到热力学平衡时,即发生吸附现象,当被吸附的气体分子数量达到一定程度时,在煤内部基质表面上形成由被吸附气体分子组成的吸附层,此时即为热力学平衡。在临界温度以下的气体,由于分子间范德华力的作用,都具有一定的吸附势,会发生多层吸附甚至出现凝结现象。在临界温度以上时,此时只发生单层吸附,煤层对 CH_4 气体的吸附就属于这种现象。气体的吸附量是随着压力的增加而逐渐增大的,因此当压力增加到极限条件下时,煤层内部孔隙裂隙表面上基本完全覆盖气体分子,由于只发生单分子层吸附,因此此时吸附量达到最大极限值。实验表明,在合适的温度和煤阶条件下,随着实验气体压力增加,煤层对气体的吸附量逐渐增大,直至趋于某一定值。

(2)温度。E. D. Thimons 等[135]建立了一个经验方程,如果已知 30 ℃时煤对 CH_4 气体的吸附量,则在其他温度下的吸附量由下式得到:

$$V_t = V_{30} \frac{e^{n_{30}}}{e^{n_t}} \tag{4-1}$$

式中，V_t 和 V_{30} 分别是温度为 t 和 30 ℃时干煤样对 CH_4 的吸附量；n_t 和 n_{30} 是在该温度下的温度系数指数。

式(4-1) 描述了温度对气体吸附量的影响规律，吸附过程是放热过程，温度越高，气体的吸附量越小，因此可以看出温度对吸附的气体具有脱附作用：温度升高，气体获得较多的动能，由吸附态转化为游离态，吸附气减少而游离气增加，如图 4.1 所示。

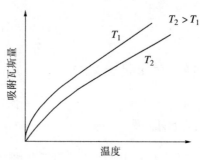

图 4.1　CH_4 吸附量随温度的变化趋势

实验研究结果表明，温度每升高 1 ℃，煤吸附 CH_4 的能力降低约为 8%，其原因是温度升高后吸附的 CH_4 分子获得动能，易于从煤基质表面脱附出来，而游离的 CH_4 活性增大，不易于被吸附。

（3）水分含量。由于水分与煤内部表面之间存在范德华力，因此煤对水分同样具有一定的亲和力。煤层中吸附的水分，占据了一部分吸附气体的吸附位，影响气体的吸附量，因此煤层的含水率是影响煤吸附气体的主要因素。相反，如果没有煤层中水分对孔隙裂隙的封堵，也难以形成较大规模的煤层 CH_4 吸附气气藏。Joubert 等[136-137]发现，当煤层中的水分达到临界含水量时，增加水分会影响气体的吸附量；如果水分超过了煤层临界含水量，即使增加水分，也不会对气体的吸附产生影响，图 4.2 表示含水量对吸附等温线的影响。

（4）煤阶。目前对于气体吸附能力随煤阶变化的研究结果，主要分为两种：一是气体的吸附量随煤阶的升高而增加；二是气体的吸附量随煤阶的升高呈现"U"字形发展。

（5）煤岩的显微组分。煤层对气体的吸附能力，还与煤层内部的有机组成有关。煤内部的有机组成主要分为三种：镜质组、壳质组和丝质组。张新民等[138]研究不同成分煤对气体的吸附能力，根据研究结果又将镜质组分为惰质组Ⅰ、Ⅱ、Ⅲ。惰质组Ⅰ指无结构丝质体，包括碎屑丝质体、基质丝质体、镜丝质体、微粒体、丝质浑圆体和粗粒体。惰质组Ⅱ指内部无充填物而结构呈现胞腔结构的

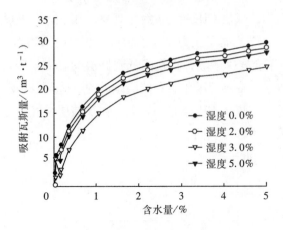

图 4.2　水分对瓦斯吸附量的影响

丝质体，还包括本镜质体。惰质组 Ⅲ 指有内部被有机质或矿物质充填的胞腔结构。通过研究发现，在惰质组含量较低时，气体的吸附量随镜质组的增多而增大；惰质组 Ⅱ 的含量越高，吸附量越大。

4.1.2　煤层 CH_4 的解吸原理

　　煤层 CH_4 在地下原始状态中，是在一定压力条件下赋存于煤层中的，因此 CH_4 气体的吸附和解吸处于平衡状态。当外界条件有所改变时，例如煤层压力的变化等，被吸附的 CH_4 气体会从煤基质表面脱离出来，这种现象称为解吸。通常情况下，吸附和解吸是一个动态平衡的过程，如果一直降低煤层压力，气体的解吸行为将持续进行，直至 CH_4 压力与大气压相同为止。这种自然条件下的解吸过程与煤层开采过程中煤层气的解吸在本质上存在一定的差异，主要由于以下几点：煤层开采方式、开采条件、开采时间等原因。煤对 CH_4 气体的吸附不仅存在物理吸附，还存在化学吸附，而煤层 CH_4 的解吸只有物理解吸，不发生化学解吸。解吸时间是煤储层吸附气体总体积的 63.2% 解吸出来所需要的时间，可表示解吸程度的快慢。因此，解吸过程主要取决于气体的解吸压力和解吸时间，两者之间呈现出非线性变化规律，可用 Langmuir 方程进行描述。同时，煤样的解吸量还与煤级有关[42],[139]，解吸率随着煤级的增加而增大，我国煤层气解吸量变化在 $3.50 \sim 26.11 \ cm^3/g$ 之间，占总气含量的 70% ~ 95%，平均可达 80% 以上；解吸气峰值分布在 4 ~ 6 cm^3/g 之间，占总气含量的 25%。

　　在实际煤层气开采过程中，煤层中 CH_4 气体的初始解吸时间与煤层 CH_4 的饱和度有关。当煤层中 CH_4 气体的含气量达到饱和时，对应等温的 Langmuir 曲线，只要降低煤储层压力，煤层 CH_4 就出现解吸现象。相反，如果煤储层 CH_4 的吸附量未达到最大值，对应的储层压力小于 Langmuir 曲线上的解吸压力，即使降低煤层压力，CH_4 也不会发生解吸，直至降低到储层的临界解吸压力，CH_4 才开始解吸，如图 4.3 所示。临界解吸压力和储层压力的比值可以表示煤层解吸 CH_4 的难易程度，比值越大，煤层 CH_4 越容易解吸；在煤储层含气量为饱和状态时，储层压力和临界解吸压力数值相同。

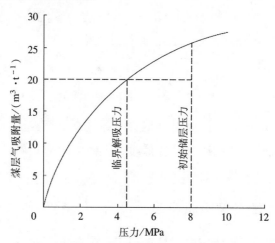

图 4.3　煤的等温吸附曲线与临界解吸压力

4.1.3　煤层气的扩散机理

煤层是一种多孔介质，对气体的吸附具有一定的特殊性。煤层注入 CO_2 气体可以提高 CH_4 的产量，一方面由于 CO_2 气体的注入导致煤层中 CH_4 的分压下降，这有助于煤层气的解吸；但主要由于煤层注入 CO_2 气体后对 CH_4 产生驱替和置换的结果，其实质是在煤层内部发生了两种气体的竞争吸附，使得一部分被吸附的 CH_4 解吸出来，最终煤层孔隙裂隙中 CH_4 的相对浓度升高，煤层到达新的平衡。在解吸渗流过程中，渗流速率主要取决于煤层内部气体的浓度差异，CO_2 气体注入后产生的高浓度 CH_4 加速了 CH_4 扩散速率，进而提高煤层中 CH_4 采收率。

由于在较大的体积应力作用下煤层内部孔裂隙的空间很小，因此煤层 CH_4 在其中的渗流运动非常缓慢，渗透率较低，可近似忽略不计，所以通常认为煤层 CH_4 在煤层内部的运移主要依赖于气体的扩散作用。气体的扩散是指由于气体之间存在浓度梯度，导致气体由高浓度区域向低浓度区域输送物质的过程。

多孔介质的扩散主要分为三种类型[140]，即普通扩散、克努森扩散和表面扩散。普通扩散主要是指分子间的相互作用，也包括不同组分物质分子的混合扩散，如果气体分子的自由程小于孔隙的直径，分子与孔隙壁之间的作用力将不是扩散的主要因素，因此就产生了普通扩散，也称为分子扩散。克努森扩散与普通扩散正相反，是指分子与孔隙壁之间的相互作用，此时气体分子的自由程大于孔隙的直径，气体分子运动过程中与孔隙壁碰撞比分子间的碰撞频繁，碰撞后运动的方向是随机的，这就形成了克努森扩散。表面扩散是指原子、离子、分子及原子团在固体表面沿表面方向的运动，主要是固体表面吸附态的流体运移时进行的质量传递。Smith 等[141]发现，在煤层内部 CH_4 的扩散是上述三种扩散的综合作用，如图4.4所示。

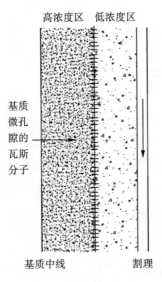

图4.4 基质内煤层 CH_4 扩散

煤层气在煤层内部孔裂隙中的扩散运动，可认为按照拟稳态扩散和非稳态扩散两种方式进行处理。通常情况下，拟稳态扩散符合菲克第一定律，非稳态扩散符合菲克第二定律。按照非稳态扩散进行分析，在煤基质内部煤层 CH_4 的浓度从中心到边缘分布不同，中心的浓度变化近似为零，边缘浓度就是受煤储层压力控制的等温吸附浓度，它随着储层开采过程中压力的变化而变化。因此按照菲克第二定律，描述煤基质内部 CH_4 气体的扩散过程：

$$\frac{\partial C}{\partial t} = D \frac{\partial^2 C}{\partial X^2} \tag{4-2}$$

式中：C 为气体浓度；X 为气体分子间距离；t 为时间；D 为扩散系数。

利用菲克第二定律能够较为客观地描述煤基质内部 CH$_4$气体的浓度变化规律，反映了 CH$_4$在煤层内部的扩散过程，但由于上述公式为二阶偏微分方程，求解过程复杂，很难得到精确解，因此采用拟稳态扩散模型描述上述扩散过程。

根据菲克第一定律，首先假设煤层 CH$_4$在扩散过程中任意时刻都存在一个相对应的平均浓度，在浓度梯度的作用下，煤基质内 CH$_4$的扩散过程为

$$q_m = \frac{V_m}{\tau}[\, C_m - C(p_g)\,] \tag{4-3}$$

式中：q_m为煤基质中 CH$_4$气体的扩散速率；C_m为基质内平均气体浓度；V_m为基质单元体积；τ为吸附时间，可由以下公式计算：

$$\tau = \frac{1}{D\omega} \tag{4-4}$$

式中：D 为扩散系数；ω 为形态因子。

向煤层注入 CO$_2$将破坏煤储层的压力平衡，使得煤层 CH$_4$产生浓度梯度，因此煤层气在煤层内部产生扩散和渗流运动。扩散运动是一个十分缓慢的过程，利用注入 CO$_2$驱替煤层 CH$_4$提高采收率的过程可分为三个阶段：一是注入初期，煤层压力的改变，使得煤层裂隙中游离态的 CH$_4$被抽采出来；二是裂隙中的 CH$_4$逐渐被抽采出来，导致裂隙中 CH$_4$的浓度低于孔隙内 CH$_4$浓度，CH$_4$在这种浓度梯度的作用下从煤基质表面向裂隙中扩散，基质内部 CH$_4$浓度降低；三是由于 CO$_2$的吸附能力要强于 CH$_4$，必然有一部分 CH$_4$气体从煤基质内部被置换出来，由吸附态转化为游离态，时间越长，被解吸出来的 CH$_4$体积越大。根据对上述三个阶段的分析可以得出，利用 CO$_2$注入煤层可有效提高 CH$_4$采收率。

4.1.4　煤层气的渗流机理

在压力梯度驱动下，CH$_4$向低压区做层流流动，流动规律符合达西定律[142]。除了 CH$_4$外，煤层裂隙中还含有水，即气水两相共同存在。如图 4.5 所示，煤层气产出可分为三个阶段：

（1）单向水流阶段。当储层压力低于临界解吸压力时，煤层气尚未开始解吸，此时生产井附近压力降低，只有水产出。

（2）非饱和单向流阶段。随着生产井附近压力降低，一定的煤层气从煤基质孔隙解吸，在浓度差驱动下扩散至煤中裂隙，形成气泡，阻碍水流动，致使水的相对渗透率降低。但气泡独立存在，尚未互相连接。在这一阶段只有水能够流动。

（3）气水两相流阶段。随着生产井附近压力继续降低，大量煤层气解吸，煤层气扩散至裂隙。含气量达到饱和，气泡连通，气体相对渗透率大于零。随着储层压力降低，水的相对渗透率继续降低，气体相对渗透率增加，产气量增加。

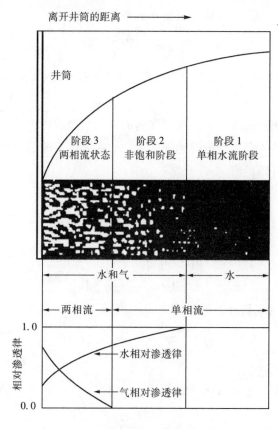

图 4.5 煤层气产出的三个阶段

4.2 煤层 CH_4/CO_2 热力耦合渗流规律

煤的渗透性是指流体在一定压力差作用下，通过煤层的难易程度，通常利用渗透率进行描述。渗透率受流体的压力即孔隙压力、煤体周围的体积应力和温度等因素影响[143-144]，流体在煤层中的渗透性直接影响井下 CH_4 开采，是煤层 CH_4 开采的一个重要指标。

4.2.1　热力耦合渗透率计算

基于煤介质连续性和不可压缩性，CH_4 在煤样试件中的渗流，可认为是单相牛顿流体通过单一介质的运动，根据渗透率计算公式：

$$q = -\frac{kA}{\mu}\frac{\mathrm{d}p}{\mathrm{d}x} \qquad (4-5)$$

式中：k 为煤样渗透率，A 为煤样截面积，μ 为流体黏度，$\mathrm{d}p/\mathrm{d}x$ 为煤样两端的流体压力梯度。

当流体为可压缩的气体时，由于气体的体积会随着压力的不同而改变，当压力变化时，气体的体积和流量必然随之变化。在温度不变的条件下，根据波义耳－马略特定律，可以得出

$$pqt = p_{\mathrm{out}}q_{\mathrm{out}}t \qquad (4-6)$$

式中：p 和 p_{out} 为煤样某界面和出口端的气体压力；q 和 q_{out} 为气体通过煤样内部某截面和出口端气体流量；t 为气体流动时间。

将式（4-6）代入式（4-5）中，可得

$$kAp\mathrm{d}p = -\mu p_{\mathrm{out}}q_{\mathrm{out}}\mathrm{d}x \qquad (4-7)$$

对式（4-7）两端积分，可得

$$kAp\int_{p_{\mathrm{in}}}^{p_{\mathrm{out}}}\mathrm{d}p = -\mu p_{\mathrm{out}}q_{\mathrm{out}}\int_0^L \mathrm{d}x \qquad (4-8)$$

式中：p_{in} 为气体的进口压力。

因此可以得出气体的渗透率：

$$K = \frac{2P_2 L\mu Q}{A(P_1^2 - P_2^2)} \qquad (4-9)$$

式中：K 为煤样渗透率，cm^2；L 为煤样纵向长度，cm；P_2 为煤样出气端绝对压力，MPa；μ 为 CH_4 气体动力黏度，$Pa \cdot s$，随温度变化；Q 为出气端流量，cm^3/s；A 为煤样横截面面积；P_1 为进气端绝对压力，MPa。

当考虑温度作用后，由于气体的黏度和进气端的压力都会随着温度而变化，所以气体的状态方程要发生变化：

$$\frac{\overline{P}\,\overline{Q}}{\overline{T}} = \frac{P_2 Q_2}{T_2} \qquad (4-10)$$

联合 CH_4 气体黏度随温度变化公式[145]：

$$\mu_{\mathrm{T}} = 1.36 \times 10^{-4}T^{0.77} \qquad (4-11)$$

代入式（4-11）中，可得到变温后渗透率：

$$K = \frac{2P_2 L \mu_T Q \bar{T}}{A(P_1^2 - P_2^2) T_2}$$ (4-12)

式中：μ_T 为升温后气体黏度；$\bar{T}$ 为进出口平均热力学温度；T_2 为升温后试验热力学温度。

在超临界 CO_2 渗流过程中，超临界 CO_2 黏度变化较大，计算渗透率时采用平均黏度。超临界 CO_2 渗透率为

$$K = \frac{2\bar{\mu}(P, T) P_2 L Q \bar{T}}{(P_1^2 - P_2^2) AT}$$ (4-13)

式中：$\bar{\mu}(P, T)$ 为超临界 CO_2 平均黏度。

由于煤样安装在三轴渗透仪中，所以煤样受的轴压包括三部分：孔隙压对轴压的影响、轴压折算和围压对轴压的影响。按照三轴渗透仪各部分尺寸，计算后可得煤样总轴压：

$$P_{轴压} = 3.23 P_{围} + 0.31 P_{孔}$$ (4-14)

由式（4-14）计算可得煤样的体积应力为

$$\Theta = \sigma_1 + \sigma_2 + \sigma_3 \quad (\sigma_1 = \sigma_2)$$ (4-15)

因此可得煤样平均有效体积应力为

$$\sigma_a = \frac{1}{3}\Theta - \frac{1}{2}(P_1 + P_2)$$ (4-16)

式（4-15）和式（4-16）中：Θ 为体积应力，MPa；σ_a 为平均有效应力，MPa；σ_1、σ_2 和 σ_3 为煤样单元体的第一、二、三主应力。

4.2.2 等温条件下煤层 CH_4 渗流规律

（1）不同孔隙压力下煤层 CH_4 渗流规律

根据试验步骤和公式，在体积应力分别为 12 MPa 和 16 MPa、温度为 20 ℃ 的条件下，计算得出 CH_4 在煤中的渗透率随孔隙压力的变化规律，如表 4.1 所示。

对试验数据进行分析，得到体积应力分别为 12 MPa 和 16 MPa 时，温度为 20 ℃ 孔隙压力和渗透率关系曲线，如图 4.6 所示。

表 4.1　　　　　　　　　　　CH₄渗透率随孔隙压力变化数据

体积应力 12 MPa，温度 20 ℃		体积应力 16 MPa，温度 20 ℃	
孔隙压力/MPa	CH₄绝对渗透率/mD	孔隙压力/MPa	CH₄绝对渗透率/mD
1.00	0.31	1.03	0.26
1.49	0.46	1.50	0.37
2.00	0.58	1.99	0.45
2.51	0.76	2.49	0.55
2.99	0.89	2.98	0.63
3.50	0.98	3.50	0.73
4.00	1.20	4.00	0.86
4.49	1.42	4.49	0.98
4.98	1.51	4.99	1.11

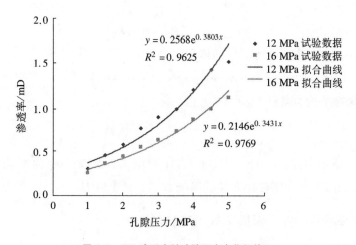

图 4.6　CH₄渗透率随孔隙压力变化规律

由试验结果分析可得，不同体积应力作用下煤样渗透率随孔隙压力变化呈现非线性规律，孔隙压力由 1 MPa 升高到 5 MPa，对应两组 CH₄渗透率分别由初始的 0.31 mD 和 0.26 mD 升高到 1.51 mD 和 1.11 mD，孔隙压力越大渗透率越高；当孔隙压力较小时，体积应力 12 MPa 与 16 MPa 之间的渗透率相差不大，但随着孔隙压力的逐渐增大，体积应力对渗透率的影响逐渐表现出来，体现为两者之间的渗透率差距逐渐增加。体积应力增大，煤样内部孔隙裂隙空间减小，相同条件下煤样的渗透能力越差，这与文献 [146-148] 中的结论一致。通过试验拟合数据得到煤样的渗透率随孔隙压力变化满足正指数变化规律，可由式(4-17) 表示：

$$K = a\mathrm{e}^{bp} \tag{4-17}$$

式中：K 为渗透率；p 为孔隙压力；a，b 分别为公式拟合系数。

根据试验数据，可以计算得出不同孔隙压力条件下，CH_4 流速随压力梯度变化数据，如表 4.2 所示。

表 4.2 CH_4 流速随压力梯度变化数据

体积应力 12 MPa，温度 20 ℃		体积应力 16 MPa，温度 20 ℃	
压力梯度/($MPa \cdot m^{-1}$)	流速/($mm \cdot s^{-1}$)	压力梯度/($MPa \cdot m^{-1}$)	流速/($mm \cdot s^{-1}$)
9.0	2.28	9.3	1.87
13.9	2.76	14.0	2.32
19.0	3.21	18.9	2.72
24.1	3.54	23.9	3.01
28.9	3.81	28.8	3.22
34.0	4.56	34.0	3.57
39.0	4.97	39.0	4.11
43.9	5.45	43.9	4.60
48.8	6.08	48.9	4.88

对试验数据进行分析，得到体积应力分别为 8 MPa 和 12 MPa 时，不同孔隙压力条件下 CH_4 流速和压力梯度关系曲线，如图 4.7 所示。

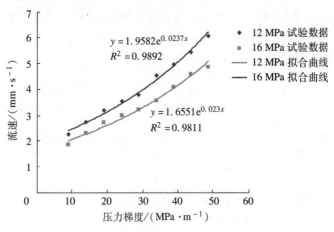

图 4.7 CH_4 流速随压力梯度变化规律

由试验结果分析可得，在不同的体积应力作用下 CH_4 流速随压力梯度变化呈现非线性规律，渗流规律为非达西定律。压力梯度由 10 MPa/m 升高到 50 MPa/m，对应两组 CH_4 的流速分别由初始的 2.28mm/s 和 1.87 mm/s 升高到 6.08 mm/s 和 4.88 mm/s，压力梯度越大 CH_4 出口流速越大。通过试验拟合数据得到

煤样中 CH_4 的流速随压力梯度变化满足幂指数变化规律，可由式（4-18）表示：

$$v = Ae^{B\nabla p} \tag{4-18}$$

式中：v 为 CH_4 流速；∇p 为压力梯度；A，B 分别为公式拟合系数。

（2）不同体积应力煤层 CH_4 渗流规律

根据公式（4-12），在孔隙压力为 1 MPa 和 2 MPa、温度为 20 ℃条件下，计算得出煤中 CH_4 的渗透性随体积应力变化规律，如表 4.3 所示。

表 4.3　　　　　　　　　　CH_4 渗透率随体积应力变化数据

孔隙压力 1 MPa，温度 20 ℃		孔隙压力 2 MPa，温度 20 ℃	
体积应力/MPa	CH_4 绝对渗透率/mD	体积应力/MPa	CH_4 绝对渗透率/mD
3.47	0.85	3.57	1.58
4.87	0.78	4.87	1.47
6.46	0.65	6.22	1.28
7.92	0.58	7.36	1.17
9.38	0.51	8.46	1.03
10.80	0.46	9.81	0.97
12.30	0.4	11.47	0.92
13.82	0.32	13.46	0.84

对试验数据进行分析，得到孔隙压力分别为 1 MPa 和 2 MPa 时，不同孔隙压力条件下 CH_4 渗透率和体积应力关系曲线，如图 4.8 所示。

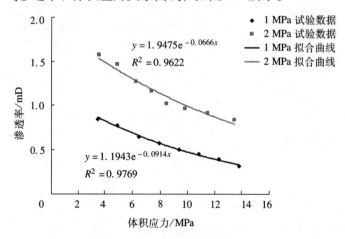

图 4.8　CH_4 渗透率随体积应力变化规律

由图 4.8 的试验拟合曲线发现，体积应力对渗透率影响十分显著，即等温条

件下 CH_4 渗透率随体积应力增大，渗流曲线斜率逐渐变小，即体积压力由 3.5 MPa 升高到 13.8 MPa，对应两组 CH_4 渗透率分别由初始的 0.85 mD 和 1.58 mD 降低到 0.32 mD 和 0.84 mD；在相同体积应力条件下，2 MPa 孔隙压力对应的渗透率约为 1 MPa 时的 2 倍。在孔隙压力较小时（如图中 1 MPa），渗透率衰减缓慢并逐渐趋于平缓；在孔隙压力较大时渗透率衰减较快（如图中 2 MPa）。试验表明，随着体积应力的继续升高，煤样渗透率也会趋于平缓。这表明初始加载时，煤体中具有较多的孔裂隙容积，相同的体积应力增量，孔裂隙容积减小量较大，表现为渗透率的急剧减小，随着加载的继续，孔隙容积逐渐被压缩；当达到较高的压力时，煤体已经被压缩密实、可被压缩的孔隙容积越来越少，表现为渗透率曲线斜率减小，渗透率逐渐趋向于某一稳定值。这一结果与国外学者[149-150] 所分析的结果以及赵阳升等[151] 对沁水 3# 无烟煤大煤样试件渗透性的测量结果相一致。由试验数据拟合发现，渗透率和体积应力之间呈现负指数变化关系，即可以表示为

$$K = ce^{-d\Theta} \tag{4-19}$$

式中：K 为渗透率；Θ 为体积应力；c，d 分别为公式拟合系数。

4.2.3 非等温条件下煤层 CH_4 渗流规律

在相同体积应力为 12 MPa 情况下，煤层中 CH_4 的渗透性在不同孔隙压力作用下随温度的变化规律，如表 4.4 所示。

表 4.4	**CH_4 渗透率随温度变化数据**			mD
孔隙压力/MPa	温度/℃			
	20	30	40	50
1	0.26	0.25	0.24	0.23
2	0.45	0.40	0.38	0.34
3	0.63	0.55	0.49	0.42
4	0.86	0.78	0.69	0.58
5	1.11	0.96	0.82	0.71

对试验数据进行分析，得到不同温度条件下，CH_4 渗透率随孔隙压力变化的关系曲线，如图 4.9 所示。

根据试验数据，可以得出不同温度条件下，CH_4 渗透率随孔隙压力变化数据如表 4.5 所列。

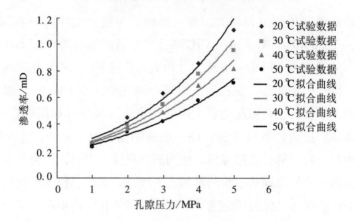

图 4.9   CH₄ 渗透率随温度变化规律

表 4.5   不同温度条件下 CH₄ 渗透率与孔隙压力拟合关系

温度/℃	K 与 p 拟合关系式	R^2
20	$K = 0.2027e^{0.3551p}$	0.9769
30	$K = 0.1929e^{0.3559p}$	0.9832
40	$K = 0.1917e^{0.3054p}$	0.9776
50	$K = 0.1832e^{0.2788p}$	0.9882

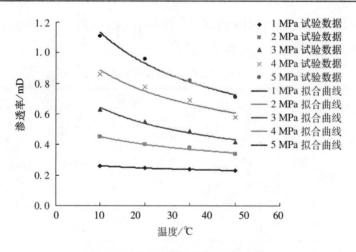

图 4.10   CH₄ 渗透率随孔隙压力变化规律

对比不同温度的渗流曲线可以发现，煤样在相同体积应力作用下，CH₄ 渗透性随孔隙压力的增加而增大，变化规律都与公式（4-17）相符合。在不同孔隙压力下，随着温度的升高，渗透率逐渐减小，这与文献［152-153］结论相符。同样可以看出，在相同孔隙压力下，随着温度的升高，渗透率逐渐减小，这主要是由于在温度升高的初始阶段，煤样的体积应力占主导，煤试件的变形主要取决于体积应力的大小，但随着试验罐温度的继续升高，煤样温度应力影响显著，促使煤体内部孔隙裂隙闭合，渗流通道减少，所以渗透率逐渐减小并趋于平稳。如果温度继续升高，煤样在高温作用下，煤中原生裂隙会再次破裂，在热破裂效应的影响下，煤体内部形成热破裂裂隙网络，煤体渗透率会有显著提高。

　　根据试验数据，可以得出不同温度条件下，CH_4流速随压力梯度变化数据如表 4.6 所列。

表 4.6　　　　　　　不同温度条件下 CH_4 流速随压力梯度变化数据　　　　　　$mm \cdot s^{-1}$

压力梯度	温度/℃			
（$MPa \cdot m^{-1}$）	20	30	40	50
9	12. 15	10. 22	9. 26	8. 60
19	38. 48	35. 42	30. 98	28. 07
29	86. 97	78. 18	70. 05	63. 67
39	159. 28	141. 06	128. 49	111. 17
49	267. 42	232. 78	211. 67	194. 30

　　对试验数据进行分析，得到不同温度条件下，CH_4渗透性随孔隙压力变化关系曲线，如图 4.11 所示。

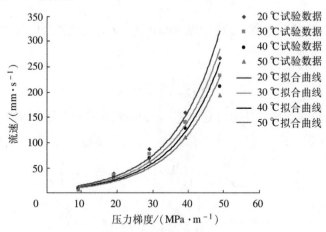

图 4.11　不同温度条件下 CH_4 流速随压力梯度变化规律

　　从图 4.11 中可以看出，在不同温度条件下，随着压力梯度的增加，煤中CH_4 的渗流流速逐渐增大，表 4.7 给出了 CH_4 的渗流流速与压力梯度之间的拟合关系，两者之间呈现正指数函数关系，与公式（4-18）相符合，渗流规律为非达西渗流。温度的变化对 CH_4 的渗流流速存在一定的影响，当煤试件的体积应力和气体的压力梯度一定时，温度越高，流速越小；对应不同温度的拟合曲线也显示，温度越高，曲线越趋于平缓，即曲线的斜率变化越小，流速梯度变化越小。其主要原因是：① 随着温度的升高，CH_4 气体的黏度增大，所以流速逐渐减小；② 温度越高，煤试件所受温度应力越大，煤内部 CH_4 气体的渗流通道逐渐闭合，阻碍了气体的渗流过程，所以流速逐渐减小。

表 4.7　　　　　　　　　不同温度条件下 CH_4 流速与压力梯度拟合关系

温度/℃	v 与 ∇p 拟合关系式	R^2
20	$v = 7.7266e^{0.0764\nabla p}$	0.973
30	$v = 6.7618e^{0.0767\nabla p}$	0.9646
40	$v = 5.9983e^{0.0771\nabla p}$	0.9681
50	$v = 5.5423e^{0.0764\nabla p}$	0.9707

4.2.4　温度应力对煤层 CH_4 渗透性影响规律解析分析

由于煤试件外界环境逐渐升温，导致内部温度应力产生变化，必然对 CH_4 在煤中的渗透率产生影响，已知温度应力函数[154]为

$$\chi = \frac{C_3}{2}(2z^3 - 3zr^2) + C_1 z \qquad (4-20)$$

式中：C_1 和 C_3 为待定系数；z 为型煤轴向长度；r 为煤试件径向长度。

代入

$$T = \frac{1-v}{G\alpha(1+v)}\frac{\partial \chi}{\partial z} \qquad (4-21)$$

式中：T 为热力学温度；G 为切变模量；v 为泊松比；α 为煤的线膨胀系数。

可得

$$T = \frac{1-v}{G\alpha(1+v)}\left[\frac{C_3}{2}(6z^2 - 3r^2) + C_1\right] \qquad (4-22)$$

由温度边界条件

$$T(r, \pm L) = T_L$$
$$T(a, z) = T_a \qquad (4-23)$$

式中：r 为型煤截面半径；L 为型煤总长度的一半，$0 \le a \le r$，$0 \le z \le 2L$。

将式（4-23）代入式（4-22）中，可解出 C_1，C_3。

$$C_1 = T_L \frac{G\alpha(1+v)}{1-v} - \frac{G\alpha(1+v)(T_L - T_a)(6L^2 - 3r^3)}{(1-v)(6L^2 - 3r^2 - 6z^2 + 3a^2)}$$

$$C_3 = \frac{2G\alpha(1+\nu)(T_L - T_a)}{(1-\nu)(6L^2 - 3r^2 - 6z^2 + 3a^2)} \tag{4-24}$$

给出多项式与型煤尺寸的关系

$$\phi = \frac{A_4}{8}(8z^4 - 24z^2r^2 + 3r^4) + \frac{A_2}{2}(2z^2 - r^2)$$

$$\omega = \frac{B_3}{2}(2z^3 - 3zr^2) + B_1 z$$

$$\chi = \frac{C_3}{2}(2z^3 - 3zr^2) + C_1 z \tag{4-25}$$

式中：A_4、A_2、B_3、B_1 都是待定系数。

煤在三轴渗透仪中的受力如图 4.12 所示，可得各应力分量表达式：

$$\sigma_{rr} = \frac{\partial^2 \phi}{\partial r^2} + Z\frac{\partial^2 w}{\partial r^2} - 2\nu\frac{\partial w}{\partial z} + z\frac{\partial^2 \chi}{\partial r^2} - 2\frac{\partial \chi}{\partial z}$$

$$\tau_{rz} = \frac{\partial^2 \phi}{\partial r \partial z} + z\frac{\partial^2 w}{\partial r \partial z} - (1-2\nu)\frac{\partial w}{\partial r} + \frac{\partial \chi}{\partial r} + z\frac{\partial^2 \chi}{\partial r \partial z}$$

$$\sigma_{zz} = \frac{\partial^2 \phi}{\partial z^2} + z\frac{\partial^2 w}{\partial z^2} - 2(1-\nu)\frac{\partial w}{\partial z} + z\frac{\partial^2 \chi}{\partial^2 z}$$

$$\sigma_{\theta\theta} = \frac{1}{r}\frac{\partial \phi}{\partial r} + \frac{z}{r}\frac{\partial w}{\partial r} - 2\nu\frac{\partial w}{\partial z} + \frac{z}{r}\frac{\partial \chi}{\partial r} - 2\frac{\partial \chi}{\partial z} \tag{4-26}$$

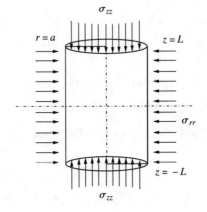

图 4.12　型煤应力分布

应力边界条件为

$$\sigma_{rr}(a,z) = \sigma_w \qquad \sigma_{rz}(a,z) = 0 \qquad \sigma_{zz}(r,L) = \sigma_z \tag{4-27}$$

端部 $z = \pm L$ 时，用圣维南原理来处理：

$$F = \int_0^a \int_0^{2\pi} \sigma_{zz} r \mathrm{d}\theta \mathrm{d}r = 2\pi \int_0^a r \, \sigma_{zz} \mathrm{d}r \tag{4-28}$$

即

$$F = \pi a^2 \left\{ 3A_4(4L^2 - a^2) + 3B_3 \left[\frac{(1-\nu)a^2}{2} + 2\nu L^2 \right] + 2A_2 - B_1(1-\nu) + 6C_3L^2 \right\}$$

$$(4-29)$$

联立上述方程，可得

$$
\begin{cases}
-6A_4 - 3B_3(1+2\nu) - 9C_3 = 0 \\
\dfrac{9}{2}A_4a^2 - A_2 + 3B_3\nu a^2 - 2\nu B_1 + 3C_3a^2 - 2C_1 + \sigma_w = 0 \\
2A_4 + \nu B_3 + C_3 = 0 \\
3A_4(4L^2 - a^2) + 3B_3\left(\dfrac{(1-\nu)a^2}{2} + 2\nu L^2 \right) + 2A_2 - B_1(1-\nu) + 6C_3L^2 + \sigma_z = 0
\end{cases}
$$

$$(4-30)$$

求解得

$$
\begin{cases}
A_4 = -\dfrac{4\sigma_w + 8C_1 - 4\nu^2\sigma_w - 8\nu^2 C_1 - 8\nu^2\sigma_z - 8\nu\sigma_z - 6a^2\nu C_3 - 3C_3a^2 + 9a^2\nu^2 C_3}{4(1+\nu)(3\nu+1)} \\[2mm]
A_2 = \dfrac{C_3(\nu-1)}{2(1+\nu)} = \dfrac{G\alpha\theta_0}{6Ka} \\[2mm]
B_3 = -\dfrac{2\sigma_w + 4C_1 + \sigma_z}{3\nu+1} \\[2mm]
B_1 = -\dfrac{2C_3}{\nu+1} = -\dfrac{2G\alpha q_0}{3Ka(1-\nu)}
\end{cases}
$$

式中：$C_3 = -\dfrac{G\alpha(1+\nu)q_0}{3Ka(1-\nu)}$，$C_1 = -\dfrac{G\alpha(1+\nu)q_0(4L^2-a^2)}{4Ka(1-\nu)}$，其他为常数。

将常量代入上式：剪切模量 $G = 827$ MPa，煤线膨胀系数 $\alpha = 2.0 \times 10^{-5}$，$T_L = Ta$ 为 $z = L$ 和 $r = a$ 处的温度，$\nu = 0.29$，$a = 25$ mm，$L = 50$ mm。

把 $r = a/2$，$z = -L/2$，$z = 0$，$z = L/2$ 分别代入上式求平均，再把 $a = 0.025$，$L = 0.05$ 代入，得

$$\sigma_{Ta} = -0.0022\sigma_z - 0.0019\sigma_z - 1.2 \times 10^5 T \qquad (4-31)$$

把 $r = a$，$z = -L/2$，$z = 0$，$z = L/2$ 分别代入上式求平均，并且把 $a = 0.025$，$L = 0.05$ 代入，得

$$\sigma_{Ta} = 6.32 \times 10^{-5}\sigma_w - 0.0012\sigma_z - 1.2 \times 10^5 T \qquad (4-32)$$

把 $r = 0$，$z = -L/2$，$z = 0$，$z = L/2$ 分别代入上式求平均，再把 $a = 0.025$，$L = 0.05$ 代入，得

$$\sigma_{Ta} = -0.0037\sigma_w - 0.0037\sigma_z - 1.2 \times 10^5 T \qquad (4-33)$$

因此，根据上述型煤内部不同位置温度应力的表达式可以得出：随着温度的

升高，型煤内部温度应力逐渐增加，导致型煤内部渗流空间逐渐减少，因此渗透率随着温度的升高逐渐减小并趋于某一固定值。

4.2.5 煤层中 CO_2 渗流规律

（1）气态 CO_2 渗流规律

在煤中 CH_4 非等温渗流试验完成之后，利用相同的试验条件开展 CO_2 渗流试验。CO_2 气体的临界条件为临界温度 31.13 ℃ 和临界压力 7.38 MPa，为了防止 CO_2 气体试验过程中发生相变，本次只对 CO_2 气体进行等温条件下（20 ℃）的渗流试验。

① 等温条件下煤层 CO_2 渗透率随孔隙压力变化规律

根据试验步骤和公式(4-13)，在体积应力分别为 12 MPa 和 16 MPa、温度为 20 ℃ 的条件下，计算得出 CO_2 在型煤中的渗透率随孔隙压力变化规律，如表 4.8 所示。

表 4.8 　　　　　　　　CO_2 渗透率随孔隙压力变化数据

体积应力 12 MPa，温度 20 ℃		体积应力 16 MPa，温度 20 ℃	
孔隙压力/MPa	CO_2 绝对渗透率/mD	孔隙压力/MPa	CO_2 绝对渗透率/mD
1.00	2.52	1.03	2.88
1.49	3.70	1.50	2.72
2.00	5.62	1.99	4.31
2.51	7.87	2.49	5.81
2.99	9.63	2.98	7.02
3.50	11.50	3.50	8.87
4.00	14.00	4.00	10.60
4.49	16.80	4.49	12.60
4.98	19.70	4.99	15.70

对试验数据进行分析，得到体积应力分别为 12 MPa 和 16 MPa、温度为 20 ℃ 时孔隙压力和渗透率关系曲线，如图 4.13 所示。

由试验结果分析可得，在不同的体积应力作用下煤中 CO_2 渗透性随孔隙压力变化呈现非线性规律，孔隙压力由 1 MPa 升高到 5 MPa，对应两组 CO_2 渗透率分别由初始的 2.52 MPa 和 2.88 MPa 升高到 1.97 MPa 和 1.57 MPa，煤中 CO_2 渗透性随孔隙压力变化与 CH_4 相同，孔隙压力越大则渗透率越高，通过试验拟合数据得到煤样的 CO_2 渗透率随孔隙压变化与公式(4-17)相符合。

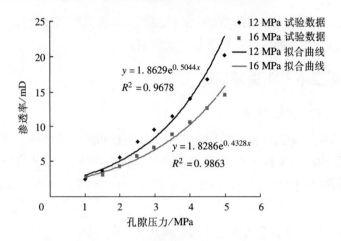

图 4.13 CO_2 渗透率随孔隙压力变化规律

根据试验数据，可以计算得出不同孔隙压力条件下，CO_2 流速随压力梯度变化数据，如表 4.9。

表 4.9　　　　　　　　　　　　　CO_2 流速随压力梯度变化数据

体积应力 12 MPa，温度 20 ℃		体积应力 16 MPa，温度 20 ℃	
压力梯度/（MPa·m^{-1}）	流速/（mm·s^{-1}）	压力梯度/（MPa·m^{-1}）	流速/（mm·s^{-1}）
9.0	0.74	9.3	0.85
13.9	1.53	14.0	1.17
19.0	2.98	18.9	2.28
24.1	5.10	23.9	3.71
28.9	7.22	28.8	5.30
34.0	9.76	34.0	7.57
39.0	13.25	39.0	10.06
43.9	17.38	43.9	12.94
48.8	21.91	48.9	16.70

对试验数据进行分析，得到体积应力分别为 12 MPa 和 16 MPa 时，CO_2 流速随压力梯度变化曲线，如图 4.14 所示。

由试验结果分析可得，在不同的体积应力作用下，CO_2 流速随压力梯度呈现非线性规律，渗流规律为非达西定律。压力梯度由 10 MPa/m 升高到 50 MPa/m，对应两组 CH_4 的流速分别由初始的 0.74 mm/s 和 0.85 mm/s 升高到 21.91 mm/s 和 16.97 mm/s，压力梯度越大，CO_2 出口流速越大。通过试验拟合数据得出煤样中 CO_2 的流速随压力梯度变化规律与式（4-18）相符合。

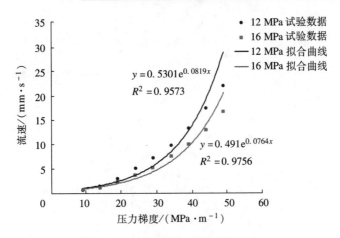

图 4.14 CO_2 流速随压力梯度变化规律

② 等温条件下煤层 CO_2 渗透率随体积应力变化规律

根据公式(4-13)，在孔隙压力为 1 MPa 和 2 MPa、温度为 20 ℃ 条件下，计算得出 CO_2 在型煤中的渗透率随体积应力变化规律，如表 4.10 所示。

表 4.10   **CO_2 渗透率随体积应力变化数据**

孔隙压力 1 MPa，温度 20 ℃		孔隙压力 2 MPa，温度 20 ℃	
体积应力/MPa	CO_2 绝对渗透率/mD	体积应力/MPa	CO_2 绝对渗透率/mD
3.47	7.22	3.57	14.05
4.87	6.39	4.87	12.98
6.46	4.96	6.22	11.08
7.92	4.51	7.36	9.88
9.38	3.85	8.46	8.52
10.80	3.39	9.81	7.91
12.30	3.06	11.47	7.54
13.82	2.64	13.46	6.82

对试验数据进行分析，得到孔隙压力分别为 1 MPa 和 2 MPa 时，不同孔隙压力条件下 CO_2 渗透率和体积应力关系曲线，如图 4.15 所示。

由图 4.15 的试验拟合曲线发现，体积应力对渗透率影响十分显著，即等温条件下 CO_2 渗透率随体积应力增大，渗流曲线斜率逐渐变小，即体积应力由 3.5 MPa 升高到 15.5 MPa，对应两组 CO_2 渗透率分别由初始的 7.22 mD 和 14.05 mD 降低到 2.64 mD 和 6.82 mD；在相同体积应力条件下，2 MPa 孔隙压力对应的渗透率约为 1 MPa 时的 2 倍，曲线变化趋势与 CH_4 随体积应力变化规律相同，与公

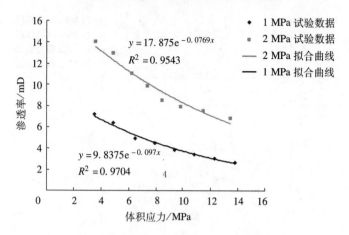

图 4.15　CO_2 渗透率随体积应力变化规律

式（4-19）相符合。

③煤层对 CH_4 和 CO_2 渗透能力比较

根据表 4.11 中的试验数据，可以得出 20 ℃ 条件下，体积应力为 12 MPa 时 CH_4 和 CO_2 渗透率随孔隙压力变化曲线，如图 4.16 所示。

表 4.11　　　　　　　　　CO_2 CH_4 和 CO_2 渗透率随孔隙压力变化数据

孔隙压力/MPa	体积应力 8 MPa，温度 20 ℃	
	CH_4 渗透率/mD	CO_2 渗透率/mD
1.00	0.31	2.88
1.49	0.46	2.72
2.00	0.58	4.31
2.51	0.76	5.81
2.99	0.89	7.02
3.50	0.98	8.87
4.00	1.20	10.60
4.49	1.42	12.60
4.98	1.51	15.70

由图 4.16 可以看出，在相同温度和体积应力的作用下，CO_2 气体的渗透率随孔隙压力的变化规律与 CH_4 相同，同样符合公式（4-17）。但在相同孔隙压力作用下，CO_2 的渗透率要远远高于 CH_4 的渗透率，例如在孔隙压力 1 MPa 下，CO_2 的渗透率为 2.88 mD，CH_4 的渗透率为 0.31 mD，CO_2 的渗透率约为 CH_4 的 10 倍，这与文献［155］中的结论基本一致。分析两种 CH_4/CO_2 在煤中的渗透率差

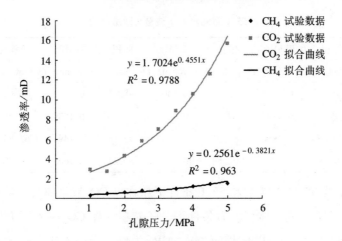

图 4.16　CH_4 和 CO_2 渗透率随孔隙压力变化规律

异，由于 CO_2 渗透率随孔隙压力变化拟合曲线中的 a、b 值较大，因此相同孔隙压力下渗透能力更强。

（2）超临界 CO_2 渗流规律

表 4.12　　　　　　　　　　　　　　　35 ℃超临界 CO_2 流量与渗透率

注入压力 /MPa	体积应力 30 MPa		体积应力 32 MPa		体积应力 34 MPa		体积应力 36 MPa	
	$Q/(mL \cdot s^{-1})$	K/mD	$Q/(mL \cdot s^{-1})$	K/mD	$Q/(mL \cdot s^{-1})$	K/mD	$Q/(mL \cdot s^{-1})$	K/mD
8	96.32	0.3580	89.20	0.3315	78.85	0.2931	70.30	0.2613
9	85.60	0.4338	80.99	0.4105	71.50	0.3624	66.89	0.3390
10	102.60	0.4741	96.63	0.4465	86.29	0.3987	81.14	0.3749
11	130.23	0.5357	119.84	0.4929	106.03	0.4361	100.48	0.4133

表 4.13　　　　　　　　　　　　　　　45 ℃超临界 CO_2 流量与渗透率

注入压力 /MPa	体积应力 30 MPa		体积应力 32 MPa		体积应力 34 MPa		体积应力 36 MPa	
	$Q/(mL \cdot s^{-1})$	K/mD	$Q/(mL \cdot s^{-1})$	K/mD	$Q/(mL \cdot s^{-1})$	K/mD	$Q/(mL \cdot s^{-1})$	K/mD
8	81.13	0.2187	75.73	0.2041	62.92	0.1696	51.24	0.1381
9	88.82	0.2296	84.50	0.2184	70.49	0.1822	57.89	0.1496
10	99.95	0.2965	91.13	0.2703	80.03	0.2374	66.36	0.1969
11	110.91	0.3432	100.65	0.3114	89.88	0.2781	80.55	0.2492

表 4.14　　　　　　　　　　　　55 ℃超临界 CO_2 流量与渗透率

注入压力 /MPa	体积应力 30 MPa		体积应力 32 MPa		体积应力 34 MPa		体积应力 36 MPa	
	$Q/(mL \cdot s^{-1})$	K/mD	$Q/(mL \cdot s^{-1})$	K/mD	$Q/(mL \cdot s^{-1})$	K/mD	$Q/(mL \cdot s^{-1})$	K/mD
8	66.78	0.1678	55.83	0.1403	48.66	0.1223	36.69	0.0922
9	80.01	0.1745	69.59	0.1518	61.38	0.1339	47.45	0.1035
10	91.78	0.1860	85.95	0.1742	73.55	0.1491	63.83	0.1294
11	100.55	0.2035	92.53	0.1872	80.11	0.1621	70.03	0.1417

图 4.17 为 35 ℃、45 ℃和 55 ℃条件下超临界 CO_2 流量曲线。从 (a) 图中可以看出，在 35 ℃、同一体积应力条件下，随着超临界 CO_2 注入压力增大超临界 CO_2 流量先减小后增大。以体积应力 32 MPa 为例，当注入压力从 8 MPa 升至 9 MPa 时，超临界 CO_2 流量从 89.20 mL/s 下降至 80.99 mL/s，下降了 9.2%；随

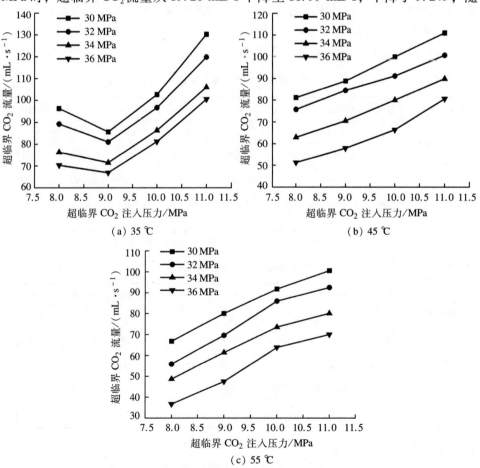

(a) 35 ℃

(b) 45 ℃

(c) 55 ℃

图 4.17　不同温度条件下超临界 CO_2 流量曲线

着注入压力继续增大至 11 MPa，超临界 CO_2 流量升至 119.84 mL/s，增加了 38.85 mL/s。在临界点附近，随着温度和压力变化超临界 CO_2 黏度值变化较大，35 ℃和 8 MPa 时 CO_2 黏度为 29.843 μPa·s，9 MPa 时，CO_2 黏度增加至 51.369 μPa·s，远高于前者，致使 35 ℃和 8 MPa 时超临界 CO_2 流量略高于 9 MPa 流量。

从图 4.17(b) 和(c) 中可以看出，当温度为 45 ℃和 55 ℃时，随着超临界 CO_2 注入压力从 8 MPa 增大至 11 MPa，超临界 CO_2 流量近似线性上升。以 45 ℃、体积应力为 32 MPa 的试验条件为例，随着注入压力从 8 MPa 升至 11 MPa，超临界 CO_2 流量从 75.73 mL/s 升至 100.65 mL/s，增大了 24.92 mL/s。在温度为 55 ℃、体积应力为 32 MPa 条件下，当注入压力从 8 MPa 升至 11 MPa，流量从 55.83 mL/s 升至 92.53 mL/s。在一定体积应力限制条件下，随着超临界 CO_2 注入压力增大，煤中孔/裂隙渗流通道扩展，促进超临界 CO_2 流动，超临界 CO_2 流量变大。

从图 4.17 中还可以看出，随着体积应力增大，超临界 CO_2 流量下降。35 ℃时，当超临界 CO_2 注入压力为 10 MPa 时，随着体积应力从 30 MPa 升至 36 MPa，超临界 CO_2 流量从 102.6 mL/s 降低至 81.4 mL/s，降低了 21.2 mL/s。当温度为 45 ℃时，超临界 CO_2 注入压力为 9 MPa 时，当体积应力从 30 MPa 升至 36 MPa 时，超临界 CO_2 流量从 88.82 mL/s 下降至 57.89 mL/s，下降了 30.93 mL/s。在相同超临界 CO_2 注入压力和温度条件下，随着体积应力增加，煤中孔裂隙渗流通道向内收缩、闭合，抑制超临界 CO_2 流动，超临界 CO_2 流量下降。

结合表中数据分析，在相同超临界 CO_2 注入压力及体积应力条件下，随着温度升高，超临界 CO_2 流量总体呈降低趋势。当超临界 CO_2 注入压力为 9 MPa、体积应力为 34 MPa 时，随着温度从 35 ℃升至 55 ℃，超临界 CO_2 流量从 71.5 mL/s 降低至 61.38 mL/s，变化了 10.12 mL/s；体积应力为 36 MPa 时，随着温度升高，流量从 66.89 mL/s 降低至 47.45 mL/s，变化了 19.44 mL/s。随着温度升高，煤样受热膨胀，在体积应力限制条件下，煤样中部分孔裂隙收缩，影响超临界 CO_2 在煤中流动，超临界 CO_2 流量减小。特别地，当超临界 CO_2 注入压力为 9 MPa、体积应力分别为 30 MPa 和 32 MPa 时，随着温度升高，超临界 CO_2 流量呈先小幅增加后减小的趋势。在临界压力和临界温度附近，超临界 CO_2 对温度和压力变化十分敏感，35 ℃时，压力为 9 MPa 时 CO_2 黏度值为 51.369 μPa·s，45 ℃时 CO_2 黏度值为 25.482 μPa·s，远低于前者。因此，在临界点附近随着超临界 CO_2 注入压力和温度变化，超临界 CO_2 流量出现不同变化规律。

　　图 4.18 为不同温度条件下超临界 CO_2 渗透率随体积应力变化曲线。表 4.15 反映了渗透率与体积应力函数关系。可以看出，在同一温度条件下，随着体积应力增大，渗透率呈负指数下降趋势，指数函数的拟合度较高。当超临界 CO_2 注入压力为 11 MPa 时，温度为 35 ℃时，随着体积应力从 30 MPa 升至 36 MPa，超临界 CO_2 渗透率从 0.5357 mD 变化至 0.4133 mD，减小了 22.8%；温度为 45 ℃时，渗透率从 0.3432 mD 降低至 0.2492 mD，降低了 27.38%；温度为 55 ℃时，渗透率从 0.2035 降低至 0.1417，降低了 30.36%。可以看出，在相同注入压力条件下，随着温度升高，超临界 CO_2 渗透率变化梯度增加。

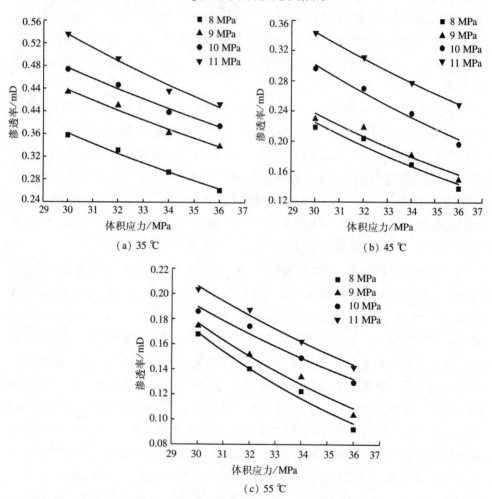

图 4.18　超临界 CO_2 渗透率随体积应力变化曲线

表 4.15　　　　　　　　　　　　　**超临界 CO₂ 渗透率拟合方程**

温度/℃	超临界 CO₂ 注入压力/MPa	拟合方程	拟合度 R^2
35	8	$K = 1.7499 \exp(-0.0526\Theta)$	0.9848
	9	$K = 1.5881 \exp(-0.0429\Theta)$	0.9649
	10	$K = 1.6215 \exp(-0.0408\Theta)$	0.9754
	11	$K = 2.0955 \exp(-0.0455\Theta)$	0.9748
45	8	$K = 2.0700 \exp(-0.0740\Theta)$	0.9293
	9	$K = 1.8847 \exp(-0.069\Theta)$	0.9044
	10	$K = 2.1422 \exp(-0.0074\Theta)$	0.9644
	11	$K = 1.7082 \exp(-0.0012\Theta)$	0.9983
55	8	$K = 2.7523 \exp(-0.093\Theta)$	0.9724
	9	$K = 1.9966 \exp(-0.0808\Theta)$	0.9604
	10	$K = 1.1575 \exp(-0.0603\Theta)$	0.9552
	11	$K = 1.2550 \exp(-0.0602\Theta)$	0.9795

随着体积应力增加，煤试件内部分孔/裂隙空间闭合，超临界 CO₂ 渗流通道收缩甚至闭合，超临界 CO₂ 流量减小，渗透率降低。从图中可以看出，当体积应力较低时，体积应力对渗透率影响显著，渗透率变化梯度较大。随着体积应力增加，曲线逐渐趋于平缓，体积应力对渗透率影响变弱，渗流通道收缩至一定程度不再变化，超临界 CO₂ 渗透率趋于稳定。

图 4.19 为体积应力为 32 MPa 时不同温度条件下超临界 CO₂ 渗透率随注入压力变化曲线。从图中可以看出，在相同体积应力条件下随着超临界 CO₂ 注入压力

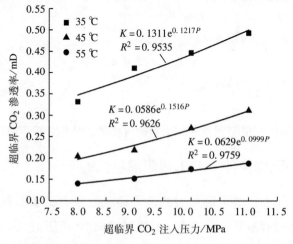

图 4.19　体积应力为 32 MPa 时，超临界 CO₂ 渗透率随注入压力变化曲线

增加，渗透率呈指数上升趋势。55 ℃时，随着注入压力从 8 MPa 升至 11 MPa，渗透率从 0.0922 mD 升至 0.1417 mD，增加了 0.0945 mD。在一定体积应力限制条件下，随着超临界 CO_2 注入，煤体内原有孔/裂隙进一步扩展，部分孔/裂隙贯通，超临界 CO_2 流速提高，渗透率增加。

从图中还可以看出，在相同超临界 CO_2 注入压力条件下，随着温度升高，超临界 CO_2 渗透率降低。当超临界 CO_2 注入压力为 9 MPa 时，随着温度从 35 ℃升至 55 ℃，渗透率从 0.4105 mD 减小至 0.1518 mD，减小了 0.2891 mD。在一定体积应力限制下，随着温度升高，热应力抑制煤样内孔/裂隙扩展，部分孔/裂隙向内闭合，渗流通道收缩，超临界 CO_2 渗透率减小。

4.3　煤对 CH_4 的非等温吸附解吸试验规律

4.3.1　不同压力下 CH_4、CO_2 吸附量计算

根据注气压力釜、试验罐的平衡压力及温度，利用公式（4-34）计算不同平衡压力点的吸附量。

$$PV = nZRT \tag{4-34}$$

式中：P 为气体压力；V 为气体体积；n 为气体的摩尔数；Z 为气体的压缩系数；R 为摩尔气体常数；T 为气体热力学温度。

分别求出每组压力点平衡前试验罐内气体的摩尔数（n_1）和平衡后试验罐内气体的摩尔数（n_2），则吸附气体的摩尔数（n_i）为

$$n_i = n_1 - n_2 \tag{4-35}$$

各压力点吸附气体的总体积（V_i）为

$$V_i = n_i \times 22.4 \times 10^3 \tag{4-36}$$

各压力点型煤单位质量吸附量为

$$V = V_i / G_c \tag{4-37}$$

式中：V 为型煤单位质量吸附量；V_i 为吸附气体的总体积；G_c 为型煤试件总质量。

4.3.2　不同温度条件下 CH_4 吸附解吸试验

不同温度条件下，型煤对 CH_4 的非等温吸附解吸试验数据如表 4.16 至表 4.20 所示，吸附过程取 8 个压力点，解吸过程取 10 个压力点；经拟合后，得出 CH_4 吸附量和解吸量随温度和压力的变化规律，如图 4.20 至图 4.24 所示。

（1）10 ℃时 CH_4 气体的吸附解吸试验

表4.16　　　　　　　　　　　　　10 ℃时试验数据

吸附压力/MPa	吸附量/($cm^3 \cdot g^{-1}$)	解吸压力/MPa	解吸量/($cm^3 \cdot g^{-1}$)
0	0	6.31	21.65
0.51	5.75	5.74	21.23
1.34	11.21	4.89	20.12
2.20	15.84	4.62	19.64
3.14	18.21	4.06	18.51
4.07	19.64	3.31	17.25
5.04	21.02	2.76	16.12
6.03	22.03	2.20	13.85
6.98	22.34	1.43	10.36
		0.74	6.84

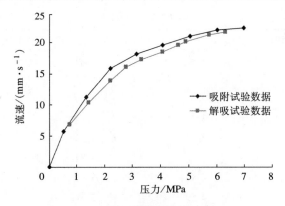

图4.20　10 ℃时试验数据关系曲线

（2）20 ℃时 CH_4 气体的吸附解吸试验

表4.17　　　　　　　　　　　　　20 ℃时试验数据

吸附压力/MPa	吸附量/($cm^3 \cdot g^{-1}$)	解吸压力/MPa	解吸量/($cm^3 \cdot g^{-1}$)
0	0	6.54	15.81
0.51	3.67	5.81	15.64
1.34	7.84	5.13	15.21
2.20	10.54	4.52	14.42
3.14	13.03	3.86	13.42
4.07	14.65	3.21	12.21
5.04	15.86	2.65	10.95
6.03	16.54	1.94	8.85
6.98	17.02	1.34	6.74
		0.54	3.21

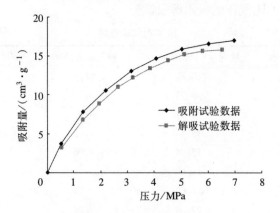

图 4.21 20 ℃时试验数据关系曲线

（3）30 ℃时 CH₄气体的吸附解吸试验

表 4.18　　　　　　　　　　30 ℃时试验数据

吸附压力/MPa	吸附量/（cm³·g⁻¹）	解吸压力/MPa	解吸量/（cm³·g⁻¹）
0	0	6.70	4.51
0.5	1.38	6.22	4.48
1.35	2.64	5.76	4.41
2.33	3.26	5.15	4.32
3.29	3.84	4.56	4.2
4.28	4.2	3.84	3.96
5.23	4.42	3.11	3.61
6.19	4.59	2.31	3.11
7.16	4.63	1.33	2.28
		0.86	1.5

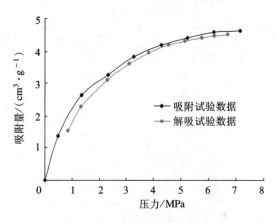

图 4.22 30 ℃时试验数据关系曲线

（4）40 ℃时 CH_4 气体的吸附解吸试验

表 4.19   40 ℃时试验数据

吸附压力/MPa	吸附量/($cm^3 \cdot g^{-1}$)	解吸压力/MPa	解吸量/($cm^3 \cdot g^{-1}$)
0	0	6.57	4.86
0.55	1.56	5.86	4.82
1.42	2.77	5.14	4.78
2.35	3.83	4.43	4.68
3.27	4.35	3.73	4.52
4.22	4.68	3.02	4.11
5.15	4.95	2.38	3.69
6.19	5.02	1.6	2.84
7.16	5.05	1.03	2.23
		0.52	1.42

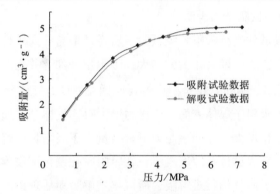

图 4.23   40 ℃时试验数据关系曲线

（5）50 ℃时 CH_4 气体的吸附解吸试验

表 4.20   50 ℃时试验数据

吸附压力/MPa	吸附量/($cm^3 \cdot g^{-1}$)	解吸压力/MPa	解吸量/($cm^3 \cdot g^{-1}$)
0	0	6.86	4.31
0.5	1.27	6.05	4.25
1.36	2.56	5.29	4.2
2.27	3.34	4.67	4.1
3.24	3.84	3.86	3.82
4.25	4.18	3.08	3.57
5.2	4.42	2.34	3.09
6.22	4.43	1.56	2.51
7.12	4.45	1.02	1.72
		0.54	0.89

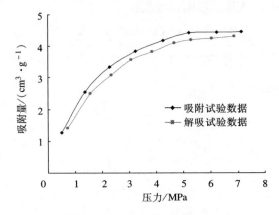

图 4.24　50 ℃时试验数据关系曲线

根据试验结果，得出不同温度条件下的吸附和解吸试验数据拟合曲线，如图 4.25 和 4.26 所示。试验结果表明：

（1）利用型煤试件进行吸附解吸试验，所得结果与前人研究基本一致：吸附和解吸是可逆的[156-158]。随着压力的增大，吸附量增加，并逐渐趋于平缓，吸附量与压力之间符合 Langmuir 方程，其主要原因是：CH₄ 气体分子碰到煤体表面时，其中一部分被吸附于煤体表面，当压力增大时，气体分子撞击煤体孔隙表面的概率增加，吸附量增大。在同一压力下解吸量小于吸附量，解吸试验出现滞后现象，这可能由于型煤试件孔隙度较小，在吸附时孔壁包围吸附分子，孔内范德华力吸附势极强，吸附气体很难解吸，所以出现解吸滞后现象。

（2）在不同温度条件下，每组吸附解吸所得试验数据曲线趋势相同，在不同温度区间，吸附量、解吸量变化幅度不同。在 10～30 ℃条件下，同一试验压力随着温度的升高，吸附量和解吸量都明显减小，下降梯度明显，10 ℃时的最大吸附量约为

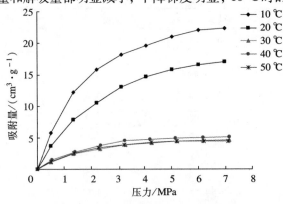

图 4.25　不同温度条件下吸附试验数据

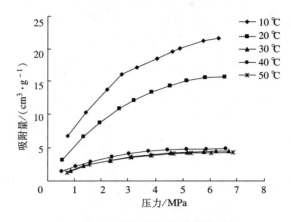

图 4.26 不同温度条件下解吸试验数据

30 ℃时的 4~5 倍, 这是由于温度总是对气体脱附起活化作用, 温度越高, CH_4 活性越大, 难于被吸附, 同时已被吸附的 CH_4 分子易于获得动能, 从煤体表面脱逸出来。在 30~50 ℃之间, 吸附量和解吸量出现了先升高后降低的趋势, 但同一压力下吸附量和解吸量随温度变化较小。在 2 个温度区间, 吸附量和解吸量变化幅度明显不同, 其主要原因是: 在试验初期, 型煤内部具有较大的孔隙或裂隙空间, 随着温度的升高, 温度应力的增大, 型煤试件内孔隙或裂隙逐渐闭合, 10~30 ℃时吸附量随着温度的升高减小幅度明显; 到达 30 ℃以后, 型煤试件内孔隙或裂隙基本达到闭合极限状态, 因此在 30~50 ℃同一压力下吸附量随温度的升高, 变化幅度较小。

（3）随着温度的变化, 煤层的最大吸附量和临界解吸压力必然会随之变化, 因此利用单分子层吸附理论的 Langmuir 方程拟合试验数据, 得出不同温度条件下的拟合方程。

4.3.3 CH₄吸附/解吸模型

目前, 国内外关于气体的吸附模型主要分为以下几种[118-121]: Langmuir 方程、多分子层吸附理论 BET 方程、基于吸附势理论的 Dubinbin-Radushkevich（D-R）模型和 Dubinin-Astakhov（D-A）模型、Virial 方程和 Carlo 方程等。为了系统研究煤吸附超临界 CO_2 的特征, 利用几种吸附模型对超临界 CO_2 吸附量进行拟合。

（1）1938 年, Brunauer、Emmett 和 Teller 在单分子层吸附理论的基础上提出多分子层吸附理论[159]。该模型假设:

　　a. 被吸附分子和碰撞的吸附气体分子之间存在范德华力, 发生多分子层吸附;

　　b. 第一层吸附热和以后各层吸附热不同, 以后各层吸附热相同;

　　c. 吸附层不连续, 不同层吸附可同时发生。

式（4-38）和式（4-39）分别为两、三参数 BET 方程：

$$V = \frac{V_m CP}{(P^0 - P)\left[1 + (C-1)\dfrac{P}{P^0}\right]} \tag{4-38}$$

$$V = \frac{V_m CP\left[1 - (n+1)\left(\dfrac{P}{P^0}\right)^n + n\left(\dfrac{P}{P^0}\right)^{n+1}\right]}{(P^0 - P)\left[1 + (C-1)\dfrac{P}{P^0} - C\left(\dfrac{P}{P^0}\right)^{n+1}\right]} \tag{4-39}$$

式中：V_m 为饱和吸附量，cm^3/g；P^0 为饱和蒸气压，MPa；C 为与吸附热和气体液化热相关的系数；n 为与煤孔隙分布有关的系数。

（2）吸附势理论认为，吸附由势能引起，在固体表面附近存在一个势能场，即吸附势。利用吸附势理论对微孔吸附剂的等温吸附过程进行定量描述的有 D-A 模型和 D-R 模型，如式（4-40）和式（4-41）所示：

$$V = V_0 \exp\left(-D\ln^n\frac{P^0}{P}\right) \tag{4-40}$$

$$V = V_0 \exp\left(-D\ln^2\frac{P^0}{P}\right) \tag{4-41}$$

$$D = \left(\frac{RT}{\beta E}\right)^2 \tag{4-42}$$

式中：V_0 为微孔体积；D 为与净吸附热有关的常数；E 为吸附特征能；P^0 为饱和蒸气压。对于超临界的气体，不存在饱和蒸气压，常用经验公式计算[160]：

$$P^0 = P_C(T/T_C)^2 \tag{4-43}$$

式中，P_C、T_C 分别为临界压力和临界温度。

通过公式（4-43），可以计算出在 35 ℃、45 ℃ 和 55 ℃ 条件下，P^0 分别为 7.57 MPa、8.07 MPa 和 8.59 MPa，P^0 值可应用于 BET 模型和 D-R 模型中。对超临界气体，P^0 为满足方程而无物理意义的参数，因此，拟合时也尝试将 P^0 视为待定参数。

（3）Sakrovus 提出，利用吸附相密度代替式中饱和蒸气压，气体密度代替气体压力，并增加修正项，对 D-R 模型进行修正，方程如公式（4-44）[161]：

$$V = W_0\left(1 - \frac{\rho_g}{\rho_a}\right)\exp\left(-D\ln^2\frac{\rho_a}{\rho_g}\right) + k\rho_g\left(1 - \frac{\rho_g}{\rho_a}\right) \tag{4-44}$$

式中：W_0 为饱和吸附量，cm^3/g；ρ_g 为 CO_2 密度，kg/m^3；k 为待定参数；ρ_a 为吸附相密度，无法直接测得，其变化规律尚未明确，这里参考了其他学者成果，将 ρ_a 取为 1000 kg/m^3。

从理论上讲，Langmuir 方程虽然对于煤吸附 CH_4 的模拟精度不高[162]，但由于煤在等温条件下吸附 CH_4 的曲线与第 I 类吸附等温线呈现出的特征相符，目前对于气体的吸附解吸模型普遍采用 Langmuir 方程来计算气体的吸附量。对于第 I 类吸附等温线特征，气体不只是在煤层内部发生单分子层吸附，同时在微孔中或以微孔为主的固体中也会发生多层吸附、微孔充填、毛细孔凝聚等现象[163]，只要煤体呈现出明显的吸附饱和现象，其吸附等温线都与 I 型相符合。由于等温条件下 Langmuir 吸附式中各参数均具有一定的物理意义，CH_4 的吸附和解吸过程可以用 Langmuir 方程来描述，所以采用 Langmuir 模型对 CH_4 的吸附解吸试验数据进行拟合。

利用 Langmuir 吸附理论，用线性最小二乘法求出这些散点图的回归直线方程及相关性系数（R），如图 4.27 所示：进而求出直线的斜率和截距，对各组吸附解吸试验过程中的最大吸附量（a 值）、临界解吸压力（b 值）进行拟合计算，得出型煤试件在不同温度条件下的 Langmuir 吸附解吸方程（见表 4.21）；并根据拟合出的方程，计算出不同温度条件下各压力点的吸附量和解吸量。

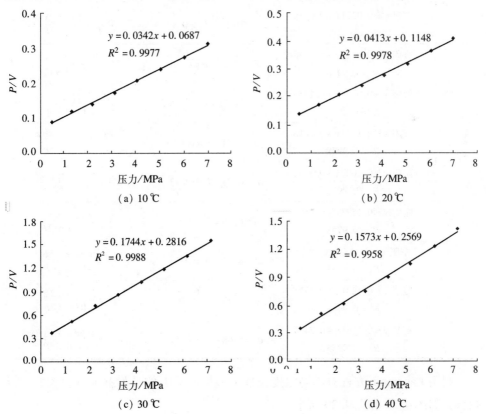

(a) 10℃ (b) 20℃

(c) 30℃ (d) 40℃

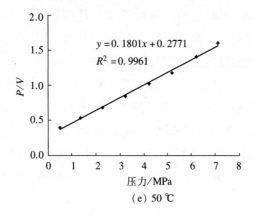

$$y = 0.1801x + 0.2771$$
$$R^2 = 0.9961$$

（e）50 ℃

图4.27 不同温度条件下试验数据拟合结果

表4.21 试验数据拟合结果

温度	拟合曲线	吸附解吸拟合参数	Langmuir 拟合方程
10 ℃	吸附 $y = 0.0342x + 0.0687$ $R^2 = 0.9977$	$a = 29.23$ $b = 0.95$	$V = \dfrac{29.23 \times 0.95P}{1 + 0.95P}$
	解吸 $y = 0.0321x + 0.0868$ $R^2 = 0.998$	$a' = 31.14$ $b' = 0.37$	$V = \dfrac{31.14 \times 0.37P}{1 + 0.37P}$
20 ℃	吸附 $y = 0.0413x + 0.1148$ $R^2 = 0.9978$	$a = 24.21$ $b = 0.36$	$V = \dfrac{24.21 \times 0.36P}{1 + 0.36P}$
	解吸 $y = 0.0395x + 0.1410$ $R^2 = 0.9925$	$a' = 25.42$ $b' = 0.28$	$V = \dfrac{25.42 \times 0.28P}{1 + 0.28P}$
30 ℃	吸附 $y = 0.1744x + 0.2816$ $R^2 = 0.9988$	$a = 5.74$ $b = 0.62$	$V = \dfrac{5.74 \times 0.62P}{1 + 0.62P}$
	解吸 $y = 0.1607x + 0.3771$ $R^2 = 0.9952$	$a' = 6.23$ $b' = 0.43$	$V = \dfrac{6.23 \times 0.43P}{1 + 0.426P}$
40 ℃	吸附 $y = 0.1573x + 0.2569$ $R^2 = 0.9958$	$a = 6.36$ $b = 0.61$	$V = \dfrac{6.36 \times 0.61P}{1 + 0.612P}$
	解吸 $y = 0.157x + 0.2804$ $R^2 = 0.9933$	$a' = 6.37$ $b' = 0.56$	$V = \dfrac{6.37 \times 0.56P}{1 + 0.56P}$
50 ℃	吸附 $y = 0.1801x + 0.2771$ $R^2 = 0.9961$	$a = 5.55$ $b = 0.68$	$V = \dfrac{5.55 \times 0.68P}{1 + 0.68P}$
	解吸 $y = 0.1761x + 0.3454$ $R^2 = 0.9955$	$a' = 5.68$ $b' = 0.51$	$V = \dfrac{5.68 \times 0.51P}{1 + 0.51P}$

利用 Langmuir 方程对不同温度条件下型煤中 CH₄的吸附解吸试验数据进行拟合，如图4.28 和图4.29 所示。

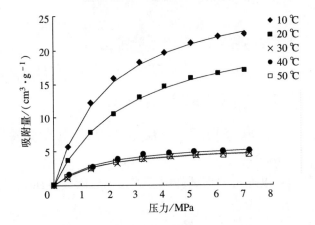

图 4.28 不同温度条件下吸附试验数据和 Langmuir 方程拟合结果

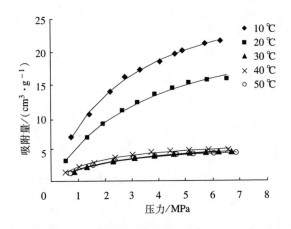

图 4.29 不同温度条件下解吸试验数据和 Langmuir 方程拟合结果

  分析 Langmuir 模型对型煤试件在不同温度条件下对 CH_4 吸附解吸试验数据拟合结果，可以得出吸附拟合度最低为 99.24%，最高为 99.98%，平均为 99.69%；解吸拟合度最低为 99.15%，最高为 99.96%，平均为 99.54%。拟合结果与试验结果的误差小于 1%，表明采用 Langmuir 模型能够较好地描述吸附解吸试验数据。从图 4.28 和图 4.29 中可以看出，每组吸附-解吸的试验数据都略高于拟合曲线上的数值，这是导致 R^2 值降低的原因。这主要由于在高压条件下，CH_4 气体发生了多分子层吸附，吸附量与 Langmuir 的单分子层吸附值必然不同。另外，由于实验罐的自由体积是根据高压容量法，采用抽真空充氦气进行标定的，型煤吸附气体时煤样受压，型煤内部孔隙空间变小；气体解吸时煤样相对膨胀，孔隙空间相对增大。因此在吸附和解吸过程中煤样的实际自由体积与试验前的标定值之间存在少许差异，这也是导致试验结果存在误差的原因。

4.4 煤对 CO_2/超临界 CO_2 吸附试验规律

4.4.1 煤对气态 CO_2 吸附试验

利用体积法开展了 20 ~ 50 ℃条件下煤对 CO_2 吸附试验，试验结果如下。

（1）试验结果分析

利用试验数据可以得出型煤试件中 CO_2 吸附量随气体压力和温度的变化规律，如图 4.30 所示。

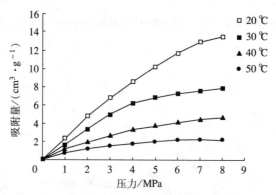

图 4.30　不同温度条件下 CO_2 吸附量随压力变化曲线

通过分析可以得出：

①相同温度条件下，随着气体压力增加，煤样对 CO_2 吸附量逐渐增加，但增长梯度逐渐降低。当吸附压力至 8 MPa 时曲线平缓，表明吸附达到平衡。从曲线中可以得出吸附量与吸附压力之间变化规律符合 Langmuir 方程。

②在相同吸附压力条件下，随着温度升高，煤样对 CO_2 气体的吸附量呈现递减趋势。以吸附压力 8 MPa 为例，20 ℃的最大吸附量可以达到 50 ℃最大吸附量的 6 倍左右。这主要是由于温度升高对 CO_2 脱附起到了活化的作用，温度越高，活化作用越明显，CO_2 分子活性越大，越难以被煤体吸附；温度的升高，也使 CO_2 分子获得了更大的动能，导致 CO_2 分子从煤体表面脱逸出来。相邻温度区间，同一压力下吸附量下降梯度逐渐减小，温度由 20 ℃升到 30 ℃时，吸附量下降最为明显。产生这一现象的主要原因是，温度升高时型煤内温度应力逐渐增大，致使型煤内部裂隙和孔隙逐渐闭合，因此吸附量减小。

③温度逐渐升高，煤样对 CO_2 气体的最大吸附量也随之发生变化，因此可以对试验数据进行拟合，得出不同温度下的 Langmuir 方程。

（2）Langmuir 方程的拟合

根据试验数据并结合 Langmuir 吸附理论模型，得出型煤试件在不同温度条件下的 Langmuir 方程，见表 4.22。根据 Langmuir 拟合方程，计算不同温度条件下的吸附量，与所得试验数据相比较，如图 4.31 所示。

表 4.22　　　　　　　　　　　　　　　试验数据拟合结果

温度	拟合曲线	拟合 参数	Langmuir 拟合方程
20 ℃	$y = 0.031x + 0.354$ $R^2 = 0.955$	$a = 32.25$ $b = 0.09$	$V = \dfrac{32.25 \times 0.09P}{1 + 0.09P}$
30 ℃	$y = 0.056x + 0.494$ $R^2 = 0.961$	$a = 17.86$ $b = 0.11$	$V = \dfrac{17.86 \times 0.11P}{1 + 0.11P}$
40 ℃	$y = 0.118x + 0.757$ $R^2 = 0.997$	$a = 8.47$ $b = 0.16$	$V = \dfrac{8.47 \times 0.16P}{1 + 0.16P}$
50 ℃	$y = 0.305x + 0.998$ $R^2 = 0.990$	$a = 3.27$ $b = 0.31$	$V = \dfrac{3.27 \times 0.31P}{1 + 0.31P}$

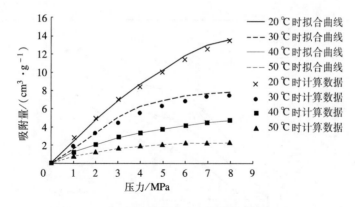

图 4.31　试验数据与 Langmuir 方程拟合结果比较

通过对比分析型煤试件在不同温度条件下吸附 CO_2 试验数据与 Langmuir 方程计算结果，可以得出拟合度最高为 99.38%，最低为 93.12%，平均为 96.02%。两者之间误差约为 4%，表明可以利用 Langmuir 吸附模型描述煤层对 CO_2 的吸附。从图 4.31 中看出，每组拟合数据都略低于试验数据。产生这一现象主要原因是在高压条件下，CO_2 气体在煤体表面不仅发生单分子层吸附，同时也发生多分子层吸附，因此拟合结果与试验数据存在些许不同。并且因为试验罐内的自由体积是根据高压容量法测定，型煤试件在吸附气体时受吸附压力作用会发生吸附膨胀现象，导致在吸附过程中实际的自由体积与试验前测定的自由体积略有不同，因此计算出的吸附量与试验过程中测定的吸附量不同。

4.4.2　煤对超临界 CO_2 吸附试验

利用吸附试验系统开展型煤试件中超临界 CO_2 吸附试验，该试验系统包括注气系统、试验罐、温度控制系统和数据采集系统，压力范围为 0～20 MPa，温度范围为30～60 ℃。其中系统装置与超临界 CO_2 驱替 CH_4 试验系统对应装置一致。

（1）煤中超临界 CO_2 吸附量变化规律

表4.23　　　　　　　　　　　超临界 CO_2 吸附量　　　　　　　　　　 $cm^3 \cdot g^{-1}$

压力/MPa	温度/℃		
	35	45	55
8	29.76	20.67	11.09
9	48.12	34.67	23.47
10	56.31	43.94	30.55
11	60.05	47.61	34.17
12	65.14	55.34	43.00
13	75.12	65.71	55.1

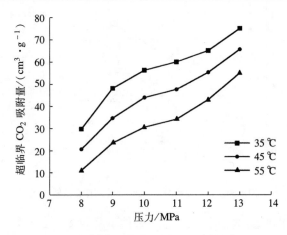

图4.32　不同温度条件下超临界 CO_2 吸附量曲线

从图4.32中可以看出，在同一温度下，随着压力增加，型煤试件对超临界 CO_2 吸附量总体呈增长趋势，曲线斜率先减小后增大。当温度为35 ℃时，超临界 CO_2 压力为8 MPa 时吸附量为29.76 cm^3/g；随着压力增加，曲线趋于平缓，吸附量增长梯度减小，当压力从10 MPa 增至11 MPa 时，吸附量从56.31 cm^3/g 增加至60.05 cm^3/g，吸附量仅增长了3.74 cm^3/g；当吸附压力超过11 MPa 时，曲线斜率增加，当压力从12 MPa 增至13 MPa 时，超临界 CO_2 吸附量从65.14 cm^3/g 上升至75.12 cm^3/g，增加了9.98cm^3/g。

　　图4.33为在压力9 MPa、11 MPa和13 MPa条件下超临界CO_2吸附量随温度变化曲线。从图中可以看出，在相同压力条件下，随着温度升高，吸附量呈线性减小趋势。以压力为11 MPa为例，当温度从35 ℃升至55 ℃，吸附量从60.05 cm^3/g降至34.17 cm^3/g，下降了25.88 cm^3/g；当压力为13 MPa时，在相同温度变化范围内，吸附量下降了20.02 cm^3/g。煤吸附CO_2是放热过程，升高温度抑制吸附行为。另外，温度升高对分子脱附起到活化作用，分子动能增加，被吸附的CO_2分子从煤基质表面逃逸，成为游离态分子。因此随着温度逐渐升高，超临界CO_2吸附量降低。

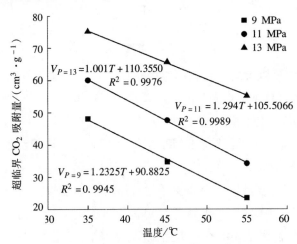

图4.33　超临界CO_2吸附量随温度变化曲线

（2）型煤试件吸附超临界CO_2变形规律

　　在开展型煤试件吸附超临界CO_2试验前后分别测量了试件高度和直径，经计算可得试件体积膨胀率，如表4.24和图4.34所示。

表4.24　　　　　　　　　　　　　**试件体积膨胀率**

压力/MPa	温度/℃		
	35	45	55
8	14.28%	14.96%	14.65%
9	14.74%	15.98%	15.09%
10	12.37%	12.92%	14.02%
11	11.42%	12.44%	13.74%
12	9.93%	11.83%	13.54%
13	8.91%	10.84%	13.17%

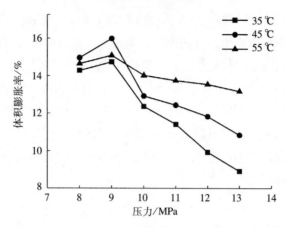

图 4.34　试件体积膨胀率随超临界 CO_2 压力和温度变化曲线

从图 4.34 中可以看出，在相同温度条件下，随着超临界 CO_2 压力升高，型煤试件体积膨胀率总体呈现先升高后下降趋势。35 ℃时，当超临界 CO_2 压力从 8 MPa 增大至 9 MPa，体积膨胀率上升幅度较小，从 14.28% 升至 14.74%，增加了 0.46%；当超临界 CO_2 压力超过 9 MPa 增加至 13 MPa，体积膨胀率急剧下降，从 14.74% 下降至 8.91%，下降了 5.83%。45 ℃时，超临界 CO_2 压力为 9 MPa 时试件体积膨胀率最大，达到了 15.98%；随着压力继续增加，当压力升至 13 MPa，体积膨胀率下降至 10.84%，下降了 5.14%。55 ℃时，当压力从 8 MPa 增加至 9 MPa 时，体积膨胀率从 14.65% 变化至 15.09%，变化了 0.44%；当压力从 9 MPa 升至 13 MPa，体积膨胀率从 15.09% 下降至 13.17%，变化了 1.85%。可以看出，超临界 CO_2 压力超过 9 MPa 时，随着温度升高，试件体积膨胀率下降梯度增加。

试件体积膨胀率变化规律能反映煤试件中孔裂隙变化。随着超临界 CO_2 注入型煤试件，试件中孔/裂隙扩展、连通，吸附位数量增加。随着超临界 CO_2 吸附压力增大，孔/裂隙扩展发育程度不同。随着超临界 CO_2 压力从 8 MPa 增加至 9 MPa，煤中生成大量孔隙空间，吸附位数量增加。当压力超过 9 MPa 时，试件体积膨胀率下降，表明试件内部分孔裂隙收缩、闭合，这是由于较高的压力限制了型煤试件变形，并且由于超临界 CO_2 可以萃取煤基质表面有机物，煤中有机物随着超临界 CO_2 流动，堵塞孔裂隙渗流通道，影响孔裂隙进一步扩展。

从图 4.34 中还可以看出，不同压力条件下，随着温度升高，试件体积膨胀率变化规律不一致。当压力低于 9 MPa 时，在相同压力条件下 45 ℃时试件变形最大。当压力为 8 MPa 时，45 ℃时体积膨胀率为 14.96%，35 ℃和 55 ℃时试件体积膨胀率分别为 14.28% 和 14.65%，略低于 45 ℃时的试件体积膨胀率。当压力为 9

MPa 时，45 ℃时试件体积膨胀率达到 15.98%，55 ℃时试件体积膨胀率为 15.09%，略高于 35 ℃时的试件体积膨胀率 14.74%。当超临界 CO_2 压力高于 9 MPa 时，随着温度升高，试件体积膨胀率增大。在压力为 10 MPa 条件下，当温度从 35 ℃升至 55 ℃时，试件体积膨胀率从 12.37% 升至 14.02%，仅变化了 1.65%。当压力为 12 MPa 时，随着温度从 35 ℃升至 55 ℃时，试件体积膨胀率增加了 3.61%。可以看出，在同一温度变化范围内，随着压力增加，体积膨胀率变化梯度增大。

S. Day[164]指出，试件体积变化量与 CO_2 密度是函数关系，温度对试件体积的影响可以归结为密度变化。因此，绘制型煤试件体积膨胀率随 CO_2 密度变化曲线，如图 4.35 所示。

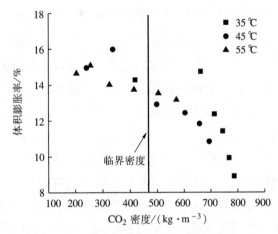

图 4.35 体积膨胀率随 CO_2 密度变化规律

从图 4.35 中可以看出，在超临界状态下 CO_2 密度值变化范围较大，在一定温度和压力条件下超临界 CO_2 密度低于 CO_2 临界密度值。当 CO_2 密度低于临界密度时，随着 CO_2 密度升高，试件体积膨胀率呈小幅下降趋势。当 CO_2 密度高于临界密度时，试件体积膨胀率继续下降，随着 CO_2 密度增大，变化梯度增大。此外，从图中可以看出，当 CO_2 密度高于临界密度时，35 ℃时试件体积膨胀率更大，并且变化梯度更大。

（3）型煤试件变形与超临界 CO_2 吸附量关系

从图 4.36 中可以看出，试件体积膨胀率随吸附量增加呈线性减小。随着超临界 CO_2 的注入，型煤内部生成大量新的孔/裂隙空间，吸附位数量增加，试件体积增大。当压力从 9 MPa 增加至 13 MPa 时，试件体积膨胀率呈下降趋势，表明吸附位数量下降，而试件对超临界 CO_2 吸附量继续增加。推测煤中超临界 CO_2

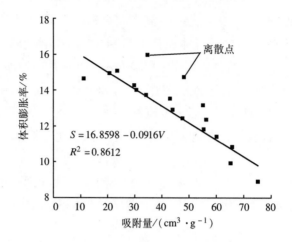

图 4.36　试件体积膨胀率随超临界 CO_2 吸附量变化曲线

吸附方式存在多分子层吸附。自制型煤试件孔隙度较大、质地均匀，超临界 CO_2 注入后，孔裂隙通道扩展、贯通。随着压力增加，煤试件变形受限，同时超临界 CO_2 可以萃取煤基质，致使部分微小孔隙闭合，超临界 CO_2 无法扩散至微孔，均造成吸附位数量减少。升高压力能够促进煤试件吸附超临界 CO_2，因此试件中超临界 CO_2 吸附量持续增加。

研究指出[165-166]，随着压力持续增大（一般为 $P > 10\text{ MPa}$），煤对 CO_2 吸附量先增加后减小的趋势，这主要是由于试验以煤粉为研究对象，无法测量变形，并且自由空间体积较大。随着 CO_2 从游离态变为吸附态，CO_2 密度发生变化，吸附相体积、自由空间体积随之变化，对吸附量影响较明显。而本文中计算型煤对超临界 CO_2 吸附量时考虑了试件变形和自由空间体积变化，因此文中型煤对超临界 CO_2 吸附量尚未出现下降趋势，推测当压力增加至一定程度，超临界 CO_2 吸附量出现最大值。

（4）模型拟合结果

① 利用 Langmuir 方程、BET 方程、D-A 方程、D-R 方程、修正的 D-R 方程对不同条件下型煤对超临界 CO_2 吸附量结果进行拟合，拟合参数见表 4.25，不同温度条件下各拟合模型的拟合度如图 4.37 所示。

表中 BET a 意为 BET 模型中 P^0 由公式（4-43）计算，BET b 意为将 P^0 视为待定参数。对于 D-R 模型，同理。

在拟合过程中，两参数 BET 模型、D-A a 模型和 D-A b 模型的拟合度为零，不能利用上述模型描述煤中超临界 CO_2 吸附量。因此，表中未列出两参数 BET 模型、D-A a 模型和 D-A b 模型的拟合结果。

表 4.25 吸附模型拟合参数

模型	参数	温度		
		45 ℃	55 ℃	35 ℃
Langmuir 方程	$V_m/(cm^3 \cdot g^{-1})$	−125.80	−50.77	−22.05
	b/MPa^{-1}	−0.03	−0.04	−0.06
	R^2	0.91	0.95	0.95
三参数 BET a	$V_m/(cm^3 \cdot g^{-1})$	7.40	14.32	28.32
	C	0.11	0.12	0.05
	n	11.03	6.49	4.85
	R^2	0.96	0.99	0.98
三参数 BET b	$V_m/(cm^3 \cdot g^{-1})$	6.84	15.79	17.65
	C	0.16	0.12	0.26
	n	11.91	6.10	7.00
	P^0/MPa	7.86	8	11.99
	R^2	0.96	0.98	0.98
D-R a	$V_0/(cm^3 \cdot g^{-1})$	41.76	32.09	21.88
	D	−2.12	−3.36	−5.57
	R^2	0.81	0.84	0.84
D-R b	$V_0/(cm^3 \cdot g^{-1})$	75.19	76.48	141.37
	D	2.1	1.99	1.21
	P^0/MPa	14.76	17.39	31.79
	R^2	0.95	0.97	0.91
修正的 D-R 模型	$W_0/(cm^3 \cdot g^{-1})$	143.96	120.04	162.29
	D	0.11	0.28	0.295
	k	−0.42	−0.25	−0.38
	R^2	0.98	0.96	0.97

从表 4.25 中可以看出，三种温度条件下 Langmuir 模型中参数 V_m 和 b 均小于 0，不符合参数的物理意义。并且从图 4.32 中可以看出，随着压力增加，超临界 CO_2 吸附量一直增大，尚未出现吸附饱和情况。因此，单分子层吸附理论 Langmuir 模型不适合描述煤中超临界 CO_2 吸附量变化规律。

35 ℃和 45 ℃条件下 BET a 和 BET b 中最大单分子层吸附量 V_m 值相差不大，55 ℃时 BET a 模型中 V_m 值远高于 BET b 相应的 V_m 值。V_m 值随着温度升高而增加，而理论上最大吸附量 V_m 随着温度升高而减小，拟合结果与理论分析矛盾。n 值随着温度升高而降低，表明吸附层数随着温度升高减小。从表中还可以看出，55 ℃时 BET b 中 P^0 远高于 BET a 中 P^0 值，而在 35 ℃和 45 ℃时通过两种方

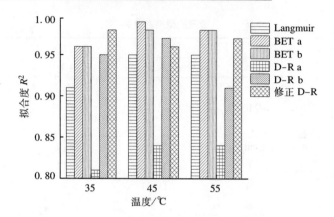

图 4.37　不同温度条件下各拟合模型的拟合度

法计算的 P^0 相差不大。这一结果表明，随着温度升高，常用于计算超临界状态流体饱和蒸气压的公式(4-43)存在误差，即使通过其他方法计算得到 P^0 也无实际物理含义，因此 BET b 方程（即将 P^0 视为待定参数）是可行的。

D-R a 方程拟合结果中，随着温度升高，V_0 均匀减小。并且 D 值均小于 0，不符合实际物理含义。D-R b 方程拟合结果中，随温度变化 P^0 值变化幅度较大，从 14.76 MPa 增大至 31.79 MPa 并且远高于 D-R a 方程中相应 P^0 值。从公式可以看出，理论上 D 与 T^2 成线性关系，而拟合结果表明 D 值随着温度升高而降低，从 2.18 变化至 1.21，变化了 44%。从上述分析中看出，D-R 模型中各参数均失去物理含义，因此 D-R 模型不能用于描述超临界 CO_2 吸附行为。

修正 D-R 方程中，D 值随着温度升高而变大，并且从拟合结果中尚未得出 D 与 T^2 的线性关系。k 值变化范围为 $-0.42 \sim -0.28$，表明不能忽略模型中修正项。另外，从表 4.25 中可以看出 W_0 随着温度升高而变化，平均值为 142.09 cm^3/g。理论上 D-R 模型中孔隙体积 W_0 为定值不受温度等条件影响，而拟合结果中的 D-R a、D-R b 以及修正 D-R 模型中的 W_0 均波动较大。Sarkurous 也在拟合结果中看出 W_0 非定值，得出此时 W_0 不能用于预测多孔介质的微孔体积[163]。

总体而言，从拟合结果中看出，多数传统吸附模型中的参数失去物理含义，此时参数值只是为了实现较高的拟合度。D-R a 方程拟合度最低，R^2 在 0.8 ~ 0.85 范围内。Langmuir 模型的拟合度 R^2 分别为 0.91 和 0.95，略低于其他模型的拟合度。BET 模型方程和修正 D-R 模型的拟合度较高。

②试件变形模型。从上述分析中看出，修正的 D-R 模型可以用来描述煤中超临界 CO_2 吸附量，因此利用类似修正 D-R 模型对试件体积膨胀率进行拟合，方程如公式(4-45)所示。拟合结果如图 4.38 所示。

$$S = S_0\left(1 - \frac{\rho_g}{\rho_a}\right)\exp\left(-D\ln^2\frac{\rho_a}{\rho_g}\right) + k\rho_g\left(1 - \frac{\rho_g}{\rho_a}\right) \tag{4-45}$$

式中：S_0、D、k 为待定参数。

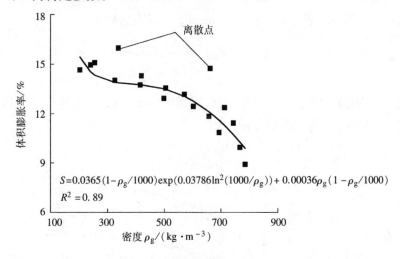

图 4.38 体积膨胀率拟合结果

从图 4.38 中可以看出，存在两个体积膨胀值偏离其他数值，在拟合过程中忽略这两个试验值，拟合度达到了 0.89，拟合度较高，表明可以利用该模型描述试件吸附超临界 CO_2 后的变形规律。

综上，修正的 D-R 方程不仅能够描述煤中超临界 CO_2 吸附量，还能够用于描述试件体积变化情况，修正的 D-R 模型是最佳的模型。

4.5 不同浓度 CH_4/CO_2 混合气的非等温吸附试验

煤层气的主要成分是 CH_4，但其中还含有一定量的 N_2、CO_2 及重烃化合物等物质。由于气体的种类和气体与煤之间范德华力的不同，导致彼此之间吸附能力不同。气体分子与煤分子之间的范德华力与标准大气压下各种被吸附气体的沸点有关，沸点越高，则吸附能力越强，各种常见气体的相对吸附能力的趋势是 $N_2 < CH_4 < C_2H_6 < CO_2 < C_3H_8$。由此可见，$CH_4$ 的吸附能力大于 N_2，但小于 CO_2（如图 4.39 所示），因此可以考虑利用对煤层注入 CO_2 气体驱替 CH_4 的方法，使得 CH_4 更易于从煤中解吸出来，提高煤层对 CH_4 的采收率。与 CO_2 和 CH_4 气体相比，重烃化合物的吸附能力较强，不容易开采。目前，关于煤对 CH_4、N_2 和 CO_2 多组分混合气体的吸附试验研究，普遍利用广义 Langmuir 方程来描述多组分气

体的吸附。当多元混合气进行吸附时，每种气体的吸附过程不是独立的，而是彼此间的竞争吸附，因此试验所得混合气中每一种气体的吸附量都小于单组分时的吸附量。Ruthven[167]和 Yang[168]用广义 Langmuir 等温吸附方程描述了各组分的吸附。假设有 n 种组分，广义 Langmuir 方程表达如下：

$$(V_m)_i = \frac{(V_m)_i\, b_i\, p_i}{1 + \sum_{j=1}^{n} b_j\, p_j} \qquad (4-46)$$

式中：$(V_m)_i$ 为纯组分气体 i 的吸附常数，cm^3/g；b_i 为纯组分气体 i 的压力常数，$1/MPa$；p_i 为气体的分压，MPa。

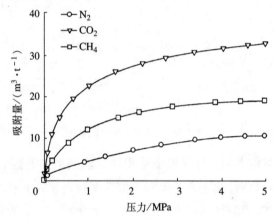

图 4.39　N_2、CO_2、CH_4 多组分 Langmuir 等温吸附能力趋势

4.5.1　试验方案和试验步骤

（1）煤粉吸附解吸混合气试验方案

利用第 2 章中制作的煤粉颗粒，开展 20% CO_2 + 80% CH_4 和 80% CO_2 + 20% CH_4 在 30 ℃条件下的等温吸附解吸试验，利用气相色谱仪分析吸附试验后游离相混合气组分。

（2）型煤吸附混合气试验方案

按照温度变化共分为四组试验，温度分别为 30 ℃、40 ℃、50 ℃和 60 ℃。在不同混合气组分配比下，每组吸附试验压力为 1~4 MPa（表 4.26），通过观测吸附过程中压力变化计算吸附量，利用气相色谱仪分析吸附试验后游离相混合气组分。

表 4.26　　　　试验方案

组次	混合气压力/MPa	CH_4/CO_2 组分比
第 1 组	1, 2, 3, 4	73.33% : 26.67%
第 2 组	1, 2, 3, 4	57.63% : 42.37%
第 3 组	1, 2, 3, 4	47.92% : 52.08%

（3）试验方法和步骤

① 检查气密性。打开进气管阀门，将氦气充入实验罐，压力为 6 MPa；保持 6 h 以上，若压力表无变化，视为系统气密性良好。在进行每组试验前，都重复上述步骤，保证升温后试验系统的气密性。

② 测定空间自由体积。向注气压力釜充入氦气，调节压力值达到 2~3 MPa，打开阀门待压力平衡后采集一组压力数据，计算自由空间体积；重复上述步骤两次，且两组自由空间体积之间差值不大于 0.1 cm³。

③ 预热注气压力釜和实验罐，并利用质量流量仪向压力釜中通入 CO_2 和 CH_4，待压力釜中混合气温度和压力稳定时，打开阀门将试验气体通入实验罐中，开始吸附试验，吸附时间为 12 h。

④ 吸附试验结束后，通过压力表数值变化，利用气体状态方程计算出吸附气体的摩尔数，进而计算吸附量；收集实验罐中游离气，利用气相色谱仪分析游离气组分，进而得到混合气吸附数据。

4.5.2 煤粉对 CH_4/CO_2 混合气的非等温吸附解吸试验

利用自制混合气非等温吸附解吸试验装置，首先利用煤粉进行 20% CO_2 + 80% CH_4 和 80% CO_2 + 20% CH_4 混合气的吸附解吸试验，通过试验分析吸附解吸过程中各组分浓度变化并计算混合气体各组分的吸附量，揭示不同混合气体的吸附解吸机理。利用气相色谱仪，测定平衡压力下混合气游离相中各气体组分，CO_2 和 CH_4 游离相浓度的变化规律如图 4.40 至图 4.43 所示。

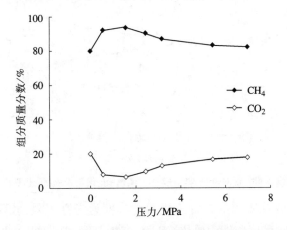

图 4.40　煤对 20% CO_2 + 80% CH_4 吸附时游离相浓度变化规律

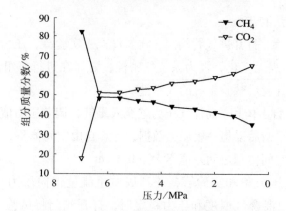

图 4. 41　煤对 20% CO$_2$ +80% CH$_4$解吸时游离相浓度变化规律

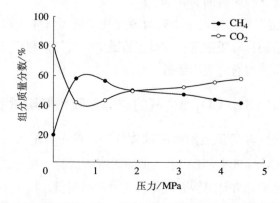

图 4. 42　煤对 80% CO$_2$ +20% CH$_4$吸附时游离相浓度变化规律

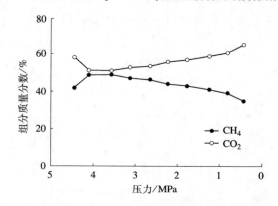

图 4. 43　煤对 80% CO$_2$ +20% CH$_4$解吸时游离相浓度变化规律

（1）两组试验在吸附时，游离相 CH$_4$浓度为先升后降，CO$_2$浓度为先降后升，说明煤对 CO$_2$的吸附能力要比 CH$_4$强，造成吸附初期煤总是先吸附 CO$_2$而后吸附 CH$_4$。因此两种混合气体吸附时，总是吸附能力强的先吸附，而吸附能力弱的后吸附。

（2）两组试验在解吸时，在80%CO_2+20%CH_4配比情况下，游离相CH_4浓度先升高而后缓慢降低，而CO_2浓度先降而后缓慢升高。这反映了CH_4吸附能力弱而先解吸的特点。在20%CO_2+80%CH_4配比情况下，游离相CH_4浓度呈降低趋势，而CO_2浓度出现升高趋势，其主要原因是：一方面，少量游离相CO_2发生液化，在降压解吸时，大量被液化的CO_2重新气化，因此造成解吸初期游离相中CO_2相对浓度增加，而CH_4的相对浓度降低；另一方面，混合气体组分中CO_2相对于CH_4的比例较小，混合气体中CO_2的相对分压要远小于CH_4。虽然CO_2较CH_4的吸附能力强，但由于其分压比例过小，造成CO_2的吸附优势表现得不明显，因此在进行CO_2置换煤层甲烷时，CO_2的临界压力出现液化问题。

4.5.3 型煤对 CH_4/CO_2 混合气的非等温吸附解吸试验

利用自制混合气非等温吸附试验装置，按照上节中设定的试验方案进行吸附试验（表4.27~表4.30）得出试验数据，计算出不同温度条件下各组 CH_4/CO_2 混合气随压力变化的吸附试验结果，如图4.44至图4.47所示。

（1）30 ℃时 CH_4/CO_2 混合气吸附试验

表 4.27 　　　　　　　30 ℃时 CH_4/CO_2混合气吸附试验数据

第1组		第2组		第3组	
压力/MPa	吸附量/($cm^3 \cdot g^{-1}$)	压力/MPa	吸附量/($cm^3 \cdot g^{-1}$)	压力/MPa	吸附量/($cm^3 \cdot g^{-1}$)
0.00	0.00	0.00	0.00	0.00	0.00
1.01	2.82	0.99	3.52	1.00	3.87
2.05	3.52	2.00	4.58	2.07	5.64
3.21	4.23	3.21	5.28	3.2	6.34
4.02	4.58	4.02	5.64	4.00	6.69

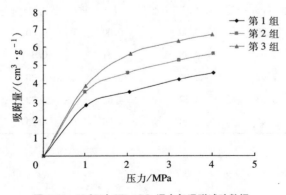

图 4.44　30 ℃时 CH_4/CO_2混合气吸附试验数据

（2）40 ℃时 CH_4/CO_2 混合气吸附试验

表4.28   **40 ℃时 CH_4/CO_2 混合气吸附试验数据**

第1组		第2组		第3组	
压力/MPa	吸附量/（$cm^3 \cdot g^{-1}$）	压力/MPa	吸附量/（$cm^3 \cdot g^{-1}$）	压力/MPa	吸附量/（$cm^3 \cdot g^{-1}$）
0.00	0.00	0.00	0.00	0.00	0.00
0.97	3.41	0.94	3.75	0.98	4.09
2.13	4.09	2.06	5.12	2.04	6.14
3.20	4.77	3.23	6.14	3.36	7.50
4.10	5.12	4.05	6.48	4.00	7.84

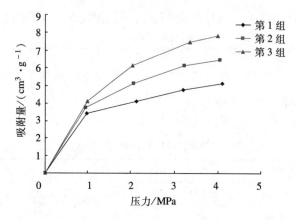

图4.45   40 ℃时 CH_4/CO_2 混合气吸附试验数据

（3）50 ℃时 CH_4/CO_2 混合气吸附试验

表4.29   **50 ℃时 CH_4/CO_2 混合气吸附试验数据**

第1组		第2组		第3组	
压力/MPa	吸附量/（$cm^3 \cdot g^{-1}$）	压力/MPa	吸附量/（$cm^3 \cdot g^{-1}$）	压力/MPa	吸附量/（$cm^3 \cdot g^{-1}$）
0.00	0.00	0.00	0.00	0.00	0.00
0.97	1.98	0.98	2.31	0.9	2.64
2.24	2.97	2.06	3.63	2.00	4.30
3.31	3.63	3.10	4.63	3.20	5.29
4.22	3.97	4.28	4.96	4.20	5.62

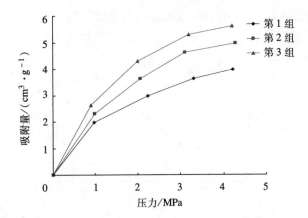

图 4.46　50 ℃时 CH₄/CO₂混合气吸附试验数据

（4）60 ℃时 CH₄/CO₂混合气吸附试验

表 4.30　　　　　　　　**60 ℃时 CH₄/CO₂混合气吸附试验数据**

第1组		第2组		第3组	
压力/MPa	吸附量/（cm³·g⁻¹）	压力/MPa	吸附量/（cm³·g⁻¹）	压力/MPa	吸附量/（cm³·g⁻¹）
0.00	0.00	0.00	0.00	0.00	0.00
0.92	1.60	0.91	1.92	0.95	2.24
2.00	2.56	2.08	3.53	2.07	4.17
3.11	3.21	3.30	4.17	3.15	4.81
4.27	3.53	4.23	4.49	4.21	5.13

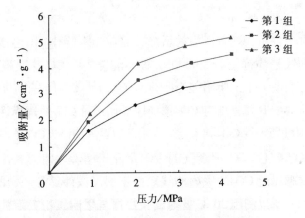

图 4.47　60 ℃时 CH₄/CO₂混合气吸附试验数据

（5）不同配比 CH$_4$/CO$_2$混合气吸附量随温度变化规律

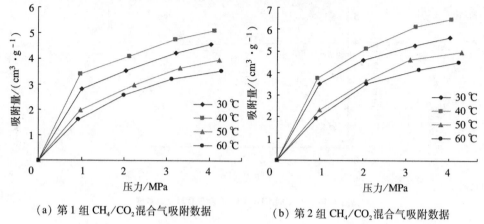

（a）第 1 组 CH$_4$/CO$_2$混合气吸附数据 　　　（b）第 2 组 CH$_4$/CO$_2$混合气吸附数据

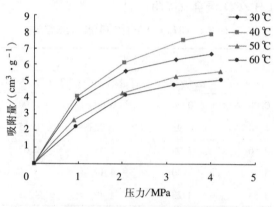

（c）第 3 组 CH$_4$/CO$_2$混合气吸附数据

图 4.48　不同浓度 CH$_4$/CO$_2$混合气非等温吸附试验数据

在同一温度条件下，随着压力的增加，混合气体吸附量随之增大，并逐渐趋于平缓，试验曲线趋势符合 Langmuir 方程；混合气中 CO$_2$浓度配比越大，气体的吸附量越大，表明 CO$_2$的吸附能力明显大于 CH$_4$，煤对混合气中的 CO$_2$优先吸附，并且随着压力的升高，煤对 CO$_2$选择性增加，对 CH$_4$的选择性降低，因此在混合气竞争吸附过程中 CO$_2$占优势。与煤对纯 CH$_4$和 CO$_2$的吸附结果相比较[169-171]，型煤对 CH$_4$/ CO$_2$混合气的吸附量介于两者之间；混合气体中 CO$_2$的比例越大，曲线越靠近 CO$_2$的吸附曲线。由于型煤试件具有一定的体积和形状，并且孔隙度较小，所以利用 30 ℃吸附试验数据与之前煤粉吸附数据相比较，虽然在气体组分上略微有所差别，但试验所得的混合气总吸附量都明显小于相同条件下的煤粉试样。

随着温度的变化，不同组分混合气的试验压力与吸附量之间变化趋势相同，都是随着压力的增加，吸附量随之增大；但同一试验压力相同组分混合气吸附量出现了先升高后降低的趋势，即吸附平衡后，在 40 ℃时气体吸附量最大，30 ℃时的吸附量大于其他两组数据，60 ℃时吸附量最小。其主要原因是：温度升高，吸附的气体获得动能，易于从煤基质表面脱附出来转化为游离态，而游离的气体活性增大，难以被吸附。在 30 ℃和 40 ℃之间，压力对气体吸附量的影响大于温度的影响，随着温度的升高，气体分子运动活跃，吸附量有所增加；在 40 ℃和 60 ℃之间，温度对气体吸附能力的影响大于压力的影响，此时温度应力起主导作用，导致煤中部分孔隙或裂隙空间逐渐闭合，吸附量相应减少。

4.5.4 型煤吸附 CH_4/CO_2 混合气游离相体积分数变化规律

利用气相色谱仪分析每组吸附平衡后实验罐中游离相气体体积分数（表4.31 至表4.34），得出 CH_4/CO_2 混合气游离相体积分数随温度和压力变化曲线（如图4.49 至图4.52 所示）。

（1）30 ℃时 CH_4/CO_2 混合气游离相体积分数数据

表 4.31 　　　　　　　30 ℃时 CH_4/CO_2 混合气游离相体积分数数据

第1组			第2组			第3组		
压力 /MPa	CH_4体积 分数/%	CO_2体积 分数/%	压力 /MPa	CH_4体积 分数/%	CO_2体积 分数/%	压力 /MPa	CH_4体积 分数/%	CO_2体积 分数/%
0.00	73.3	26.7	0.00	57.6	42.4	0.00	47.9	52.1
1.01	80.8	19.2	0.99	73.0	27.0	1.00	65.4	34.6
2.05	81.8	18.2	2.00	74.9	25.1	2.07	66.9	33.1
3.21	84.3	15.7	3.21	77.0	23.0	3.2	70.5	29.5
4.02	85.9	14.1	4.02	79.1	20.9	4.00	71.3	28.7

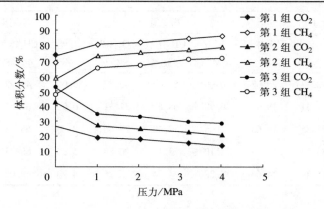

图 4.49 　30 ℃时 CH_4/CO_2 混合气游离相体积分数变化规律

（2）40 ℃时 CH_4/CO_2 混合气游离相体积分数数据

表 4.32　　40 ℃时 CH_4/CO_2 混合气游离相体积分数数据

第1组			第2组			第3组		
压力 /MPa	CH_4体积 分数/%	CO_2体积 分数/%	压力 /MPa	CH_4体积 分数/%	CO_2体积 分数/%	压力 /MPa	CH_4体积 分数/%	CO_2体积 分数/%
0.00	73.33	26.67	0.00	57.63	42.37	0.00	47.92	52.08
0.97	78.55	21.45	0.94	69.84	30.16	0.98	66.48	33.52
2.13	83.17	16.83	2.06	74.47	25.53	2.04	73.04	26.96
3.20	84.47	15.53	3.23	76.84	23.16	3.36	75.23	24.77
4.10	87.13	12.87	4.05	79.83	20.17	4.00	76.95	23.05

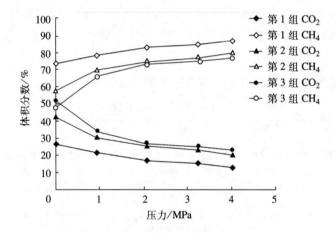

图 4.50　40 ℃时 CH_4/CO_2 混合气游离相体积分数变化规律

（3）50 ℃时 CH_4/CO_2 混合气游离相体积分数数据

表 4.33　　50 ℃时 CH_4/CO_2 混合气游离相体积分数数据

第1组			第2组			第3组		
压力 /MPa	CH_4体积 分数/%	CO_2体积 分数/%	压力 /MPa	CH_4体积 分数/%	CO_2体积 分数/%	压力 /MPa	CH_4体积 分数/%	CO_2体积 分数/%
0.00	73.33	26.67	0.00	57.63	42.37	0.00	47.92	52.08
0.97	81.31	18.69	0.98	68.69	31.31	0.90	61.63	38.37
2.24	83.35	16.65	2.06	72.40	27.60	2.00	65.13	34.87
3.31	84.57	15.43	3.10	73.12	26.88	3.20	68.23	31.77
4.22	85.34	14.66	4.28	74.74	25.26	4.20	69.07	30.93

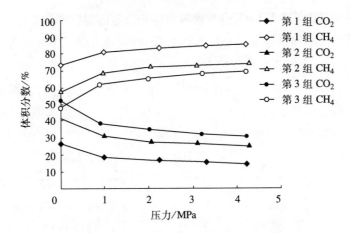

图 4.51　50 ℃时 CH_4/CO_2 混合气游离相体积分数变化规律

（4）60 ℃时 CH_4/CO_2 混合气游离相体积分数数据

表 4.34　　　　　　　60 ℃时 CH_4/CO_2 混合气游离相体积分数数据

第1组			第2组			第3组		
压力 /MPa	CH_4体积 分数/%	CO_2体积 分数/%	压力 /MPa	CH_4体积 分数/%	CO_2体积 分数/%	压力 /MPa	CH_4体积 分数/%	CO_2体积 分数/%
0.00	73.33	26.67	0.00	57.63	42.37	0.00	47.92	52.08
0.92	77.91	22.09	0.91	66.50	33.50	0.95	57.11	42.89
2.00	79.89	20.11	2.08	71.04	28.96	2.07	62.03	37.97
3.11	82.00	18.00	3.30	74.07	25.93	3.15	65.13	34.87
4.27	84.09	15.91	4.23	75.75	24.25	4.21	68.14	31.86

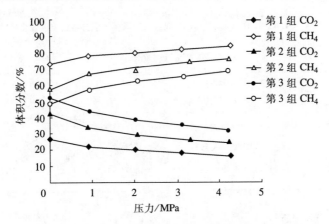

图 4.52　60 ℃时 CH_4/CO_2 混合气游离相体积分数变化规律

（4）不同配比 CH_4/CO_2 混合气游离相体积分数随温度变化数据

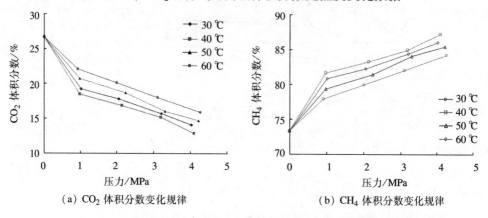

（a）CO_2 体积分数变化规律　　　　（b）CH_4 体积分数变化规律

图 4.53　73.33% CH_4 + 26.67% CO_2 混合气游离相体积分数随温度变化规律

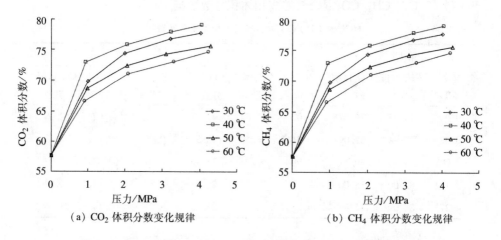

（a）CO_2 体积分数变化规律　　　　（b）CH_4 体积分数变化规律

图 4.54　57.63% CH_4 + 42.37% CO_2 混合气游离相体积分数随温度变化规律

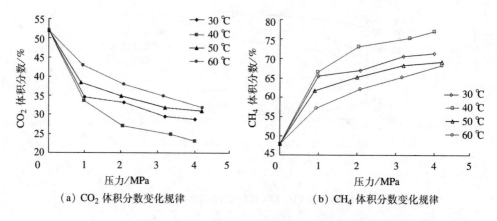

（a）CO_2 体积分数变化规律　　　　（b）CH_4 体积分数变化规律

图 4.55　47.92% CH_4 + 52.08% CO_2 混合气游离相体积分数随温度变化规律

通过分析可见，相同温度条件下，随着压力的增加，游离相中 CO_2 体积分数迅速下降，CH_4 体积分数相对升高；当达到最大试验压力时，CO_2 和 CH_4 体积分数变化趋势趋于平缓，型煤试件逐渐达到吸附饱和。同一温度条件下对比不同组分混合气游离相浓度可见，当混合气初始组分中 CO_2 体积分数越高，所得游离相中 CO_2 体积分数下降梯度越明显，其主要原因是：虽然试件开始时随着压力的增大吸附量随之增加，并逐渐趋于吸附平衡，但在二元混合气体的吸附过程中，吸附平衡是一种动态平衡，两种气体之间存在着竞争吸附；混合气体在煤中的吸附和解吸一直在进行，型煤中吸附的 CH_4 气体会被吸附能力较强的 CO_2 从煤表面置换下来，部分 CH_4 的吸附位被 CO_2 所占据，导致游离相中 CO_2 体积分数下降幅度较大，CO_2 在与 CH_4 的竞争吸附中占据优势。

随着温度的变化，各组分混合气游离相体积分数变化趋势相同，都是随着压力的增大混合气中 CO_2 体积分数逐渐减小；在不同温度条件下，对比吸附平衡后混合气游离相中 CO_2 相对浓度，在 40 ℃时不同配比混合气 CO_2 体积分数明显最小，即 40 ℃时型煤对 CO_2 的吸附量达到最大值，游离相中的 CH_4 相对浓度最大，因此可得出 40 ℃为合理驱替温度。

5 热力条件下残留煤层注入 CO_2 驱替 CH_4 试验研究

由于煤储层开挖形成残留煤柱后，受开采扰动和支撑压力的作用等因素的影响，煤柱一定深度内的煤岩已破坏，煤柱边界处支撑压力为零，随着向煤柱内部深度的增加，支撑压力逐渐增大，直至达到峰值。从煤柱应力峰值到煤柱边界，这个区域称为煤柱的屈服区。屈服区内部煤体变形较小，应力没有超过屈服点，称为煤柱核区，如图 5.1 所示[172]。由于在残留煤柱内部应力分布呈现复杂特点，这必然对煤层中气体的渗流规律产生影响，因此本章开展热力作用下煤层中 CH_4 和 CO_2 的渗流试验，为煤层注入 CO_2 驱替 CH_4 提供理论基础。

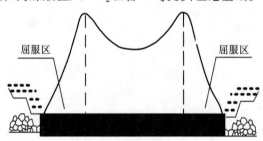

屈服区　　　　　　　　　　　　　　屈服区

图 5.1　煤柱应力分布

利用 CO_2 驱替煤层 CH_4 的研究方法，早期是为了缓解"温室效应"，使得 CO_2 气体达到地下封存的目的而提出的。随着美国圣胡安盆地成功地将 CO_2 注入煤层以提高煤层气采收率（CO_2-ECBM）试验的成功，使研究煤对 CH_4、CO_2 和 CH_4/CO_2 等多元气体的吸附解吸特性成为必要。当 CO_2 注入到残留煤层后，在煤层孔隙裂隙中经扩散、渗流、竞争吸附、置换，最终驱替出煤层中的 CH_4 气体，而 CO_2 以吸附态或游离态赋存于煤层的孔隙和裂隙中。但由于残留煤层受开采扰动影响，煤层内部应力分布复杂，并且不同深度煤层环境温度也会随之变化，这都会对 CO_2 的运移过程产生影响，因此本章开展考虑煤层体积应力和温度影响的煤层注入 CO_2 驱替 CH_4 试验。

5.1 试验装置和方案

5.1.1 试验设备

注气系统：由高压气瓶（He、CH₄、CO₂）、增压泵、空气压缩机和压力釜组成，其中空气压缩机为增压泵提供动力。气体经过增压泵增压后直接注入压力釜，可以保证气源压力稳定。液态 CO_2 经过增压后通入压力釜中，再经过水浴加热，达到超临界状态。

驱替系统：改进实验室的三轴渗流仪，并增加阀门及不锈钢管线，组成驱替系统。

压力控制系统：压力控制系统包括手动压力泵和稳压器，可以对试件施加轴压和围压，压力变化范围为 0~20 MPa，精度为 0.01 MPa。

温度控制系统：由水浴箱和外置温控器组成，可以保证水浴箱温度稳定（温度范围为 −5~60 ℃，精度为 0.1 ℃），并能够检查系统气密性。

尾气收集与分析系统：包括尾气收集装置和气相色谱仪，在渗流试验中，利

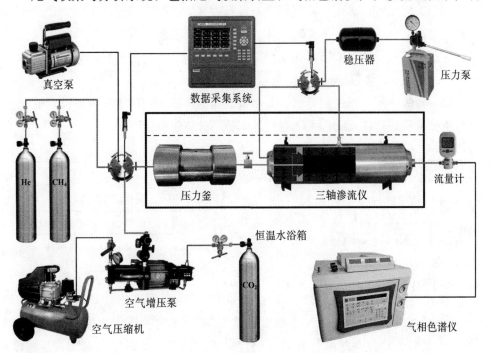

图 5.2 主要装置图

用尾部的气体收集装置可以测得气体流量。在驱替试验中，利用气体收集装置收集混合气，并通过气相色谱仪分析混合气组分。

抽真空系统：将真空泵接入试验系统，可对试验系统连续抽真空 24h。

数据采集系统：由传感器与数据记录仪组成，能够记录试验整个过程中气体压力、轴压和围压，实现时时监控、采集与存储试验系统数据。

5.1.2　试验方法和步骤

（1）检查气密性。将密封好的型煤试件放置于实验罐中，使用压力泵对型煤施加轴压和围压，压力为 2 MPa 和 6 MPa，保持 6 h 以上，若压力表无变化，视为系统气密性良好。在进行每组试验前，都重复上述步骤，保证升温后试验系统的气密性。

（2）卸掉围压和轴压，对实验罐中的型煤试件进行抽真空；抽真空后关闭试验装置出口，按照试验方案设定的压力和温度对注气压力釜注入 CH_4 气体，待压力和温度稳定后打开阀门，进行型煤试件对 CH_4 的吸附试验，使得 CH_4 气体得到充分吸附，持续 24 h，记录数据。

（3）打开集气口，释放掉实验罐中的游离气，并测量释放体积。

（4）关闭出气口，先将注气压力釜进行抽真空，然后按照试验方案设定的压力和温度向注气压力釜注入 CO_2 气体，待压力和温度稳定后打开阀门，进行型煤试件的驱替试验，使得 CO_2 气体在型煤内部与 CH_4 气体进行充分的竞争吸附和驱替，持续 24h，记录数据。

（5）收集一定体积的混合气，并测量气体的体积；利用气相色谱仪对混合气进行组分分析，得出 CH_4 和 CO_2 各气体组分，计算驱替量。

5.2　型煤注入 CO_2 驱替 CH_4 试验

试验按照温度变化共分为四组，温度分别为 20 ℃、30 ℃、40 ℃和 50 ℃。采用体积应力、孔隙压力和温度组合方案，驱替试验压力为 1 MPa 和 2 MPa（见表 5.1）。对型煤试件充分吸附 CH_4 后持续注入 CO_2（24 h），通过观测吸附过程中压力变化计算吸附量，得出 CH_4 和 CO_2 吸附量随体积应力、孔隙压

表 5.1　驱替试验方案

孔隙压/MPa	体积应力/MPa
1	6
1	7.5
1	9
2	10
2	12
2	15

力和温度的变化规律；待 CO_2 充分吸附后进行气体收集，利用气相色谱仪分析气体中各物质组分，计算不同工况下 CH_4 的驱替量。

5.2.1 气体吸附量和 CH_4 驱替量随体积应力变化

利用改装的三轴渗透仪，按照试验方案进行驱替试验，计算出不同温度条件下的孔隙压为 1 MPa 和 2 MPa 时 CH_4 和 CO_2 的吸附量（表 5.2 至表 5.5）；收集驱替试验后游离气气体并测量体积，利用气相色谱仪分析游离相中 CH_4 和 CO_2 各气体组分，得出不同温度条件下 CH_4 的驱替量随体积应力的变化规律，见图 5.3 至图 5.6。

（1）20 ℃时驱替试验

表 5.2   **20 ℃吸附量和驱替量试验数据**

孔隙压 /MPa	体积应力 /MPa	CH_4吸附体积 / ($cm^3 \cdot g^{-1}$)	CO_2吸附体积 / ($cm^3 \cdot g^{-1}$)	CH_4驱替量 / ($cm^3 \cdot g^{-1}$)
1	6	4.21	4.68	2.72
1	7.5	3.75	4.21	2.30
1	9	3.28	3.75	1.77
2	10	6.09	6.56	3.21
2	12	4.68	5.15	2.34
2	15	3.75	4.21	1.63

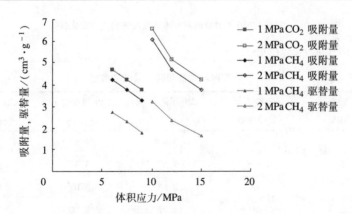

图 5.3 20 ℃时吸附量和驱替量随体积应力变化规律

（2）30 ℃时驱替试验

表 5.3　　　　　　　　　　30 ℃时吸附量和驱替量试验数据

孔隙压 /MPa	体积应力 /MPa	CH_4 吸附体积 / ($cm^3 \cdot g^{-1}$)	CO_2 吸附体积 / ($cm^3 \cdot g^{-1}$)	CH_4 驱替量 / ($cm^3 \cdot g^{-1}$)
1	6	2.72	3.17	1.43
1	7.5	1.81	2.26	0.92
1	9	1.36	1.81	0.58
2	10	4.08	4.98	1.65
2	12	3.17	3.62	1.23
2	15	2.26	2.72	0.74

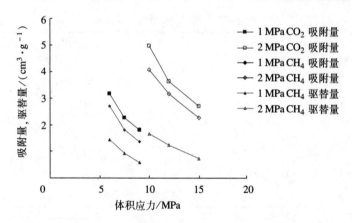

图 5.4　30 ℃时吸附量和驱替量随体积应力变化规律

（3）40 ℃时驱替试验

表 5.4　　　　　　　　　　40 ℃时吸附量和驱替量试验数据

孔隙压 /MPa	体积应力 /MPa	CH_4 吸附体积 / ($cm^3 \cdot g^{-1}$)	CO_2 吸附体积 / ($cm^3 \cdot g^{-1}$)	CH_4 驱替量 / ($cm^3 \cdot g^{-1}$)
1	6	3.95	4.82	2.44
1	7.5	3.07	3.51	1.82
1	9	2.63	3.07	1.39
2	10	4.82	5.70	2.50
2	12	3.95	4.38	1.96
2	15	3.07	3.51	1.35

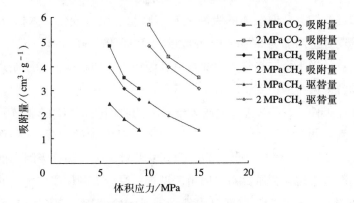

图 5.5 40 ℃时吸附量和驱替量随体积应力变化规律

（4）50 ℃时驱替试验

表 5.5 50 ℃时吸附量和驱替量试验数据

孔隙压 /MPa	体积应力 /MPa	CH₄吸附体积 /（cm³·g⁻¹）	CO₂吸附体积 /（cm³·g⁻¹）	CH₄驱替量 /（cm³·g⁻¹）
1	6	2.55	2.97	1.26
1	7.5	1.70	2.12	0.78
1	9	1.27	1.70	0.51
2	10	3.82	4.25	1.44
2	12	2.97	3.40	1.09
2	15	1.70	2.12	0.59

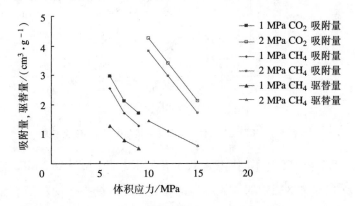

图 5.6 50 ℃时吸附量和驱替量随体积应力变化规律

分析图 5.3 至图 5.6 不同温度条件下，CH₄/CO₂吸附量和 CH₄驱替量随体积应力的变化曲线，结果表明：在相同温度和孔隙压作用下，气体的吸附量和驱替量随体积应力的增大逐渐减小；孔隙压力由 1 MPa 增加到 2 MPa，虽然型煤所受体积应力逐渐增大，但气体的吸附量和解吸量有明显变化，体积应力为 10 MPa 时 CH_4 的驱替量增加为 9 MPa 时驱替量的 2 ~ 3 倍，随着体积应力的继续增加，驱替量仍然呈现下降的趋势，由此可见孔隙压力、体积应力和原始煤层 CH_4 的存储量是驱替量大小的主要影响因素。

在相同条件下，CO_2 的吸附量大于 CH_4 的吸附量，CH_4 的驱替量明显小于自身的吸附量，虽然在一定孔隙压力作用下，对饱和的型煤注入了一定体积的 CO_2，CH_4/CO_2 混合气在型煤内部进行竞争吸附，有一部分吸附态的 CH_4 从型煤内部被驱替出来转化为游离态，但由于型煤所受较大的体积应力，并且驱替时间也仅有 24 h，注入的 CO_2 在型煤内部没有被完全吸附，驱替行为并没有完全进行，因此所得 CH_4 的驱替量较小。可预测如果增加竞争吸附时间或增加 CO_2 的注入压力或注入量，所得 CH_4 的驱替量一定会有所增加。

5.2.2　气体吸附量和 CH_4 驱替量随温度变化试验

根据 5.2.1 中计算出的试验数据，得出不同温度条件下孔隙压为 1 MPa 和 2 MPa 时 CH_4/CO_2 的吸附量和 CH_4 的驱替量随温度的变化规律，如图 5.7 至图 5.9 所示。

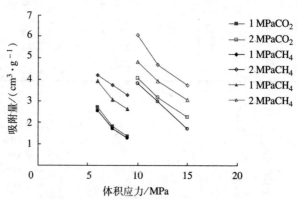

图 5.7　不同温度条件下 CH_4 吸附量随体积应力变化规律

分析图 5.7 至图 5.9 不同温度条件下孔隙压力为 1 MPa 和 2 MPa 时 CH_4 和 CO_2 的吸附量及 CH_4 的驱替量随体积应力的变化规律，结果表明：随着温度的变化，CH_4 和 CO_2 的吸附量及 CH_4 的驱替量的变化趋势相同，即在相同体积应力作用下，随着温度的升高，CH_4 和 CO_2 的吸附量及 CH_4 的驱替量出现了先降低后升高的趋势，即在 20 ℃时吸附量最大，50 ℃时吸附量最小，40 ℃时的试验结果大于 30 ℃时的试验结果，这与第 2 章中型煤对纯 CH_4 的非等温吸附解吸试验的结论一致。

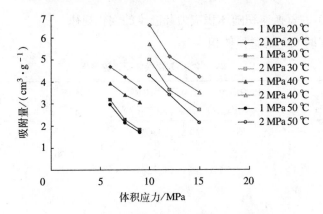

图 5.8   不同温度条件下 CO_2 吸附量随体积应力变化规律

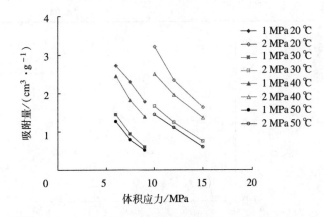

图 5.9   不同温度条件下 CH_4 驱替量随体积应力变化规律

5.2.3 CO_2 置换体积和 CH_4 驱替效率随体积应力和温度变化规律

通过对驱替试验数据进行分析计算，可以获得不同温度条件下孔隙压力为 1 MPa 和 2 MPa 时 CO_2 的置换体积和驱替效率随体积应力和温度的变化曲线。所谓 CO_2 的置换体积，为每单位质量煤产生单位体积的 CH_4 所需注入的 CO_2 体积，它能够反映出 CO_2 对 CH_4 的竞争吸附能力，计算方法如式（5-1）所示。驱替效率为注入气体波及范围内 CH_4 驱替量与该范围内 CH_4 总量之比，计算方法如式（5-2）所示。

$$\xi = \frac{CH_4 驱替量}{超临界 CO_2 吸附量} \tag{5-1}$$

$$\eta = \frac{CH_4 驱替量}{CH_4 吸附量} \times 100\% \tag{5-2}$$

（1） CO_2 的置换体积随体积应力和温度的变化规律

① 20 ℃时 CO_2 的置换体积

表5.6　　　　　　　　　　20 ℃时 CO_2 置换体积试验数据

孔隙压力 /MPa	体积应力 /MPa	CO_2 吸附体积 /（mL·g^{-1}）	CH_4 驱替量 /（mL·g^{-1}）	CO_2 的置换体积
1	6	4.68	2.72	1.72
1	7.5	4.21	2.30	1.83
1	9	3.75	1.77	2.11
2	10	6.56	3.21	2.04
2	12	5.15	2.34	2.20
2	15	4.21	1.63	2.59

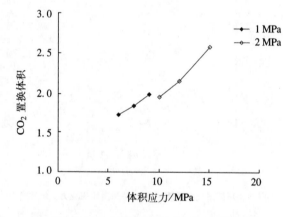

图5.10　20 ℃时 CO_2 置换体积随体积应力变化规律

② 30 ℃时 CO_2 的置换体积

表5.7　　　　　　　　　　30 ℃时 CO_2 置换体积试验数据

孔隙压力 /MPa	体积应力 /MPa	CO_2 吸附体积 /（mL·g^{-1}）	CH_4 驱替量 /（mL·g^{-1}）	CO_2 的置换体积
1	6	3.17	1.43	2.22
1	7.5	2.26	0.92	2.45
1	9	1.81	0.58	3.11
2	10	4.98	1.65	3.01
2	12	3.62	1.23	2.93
2	15	2.72	0.74	3.67

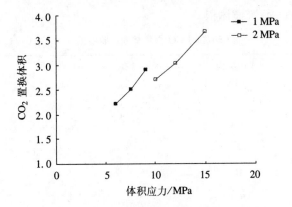

图 5.11 30 ℃时 CO₂ 置换体积随体积应力变化规律

③ 40 ℃时 CO₂ 的置换体积

表 5.8   **40 ℃时 CO₂ 置换体积试验数据**

孔隙压力 /MPa	体积应力 /MPa	CO₂吸附体积 /（mL·g⁻¹）	CH₄驱替量 /（mL·g⁻¹）	CO₂的置换体积
1	6	4.82	2.44	1.98
1	7.5	3.51	1.82	1.93
1	9	3.07	1.39	2.22
2	10	5.70	2.50	2.28
2	12	4.38	1.96	2.24
2	15	3.51	1.35	2.59

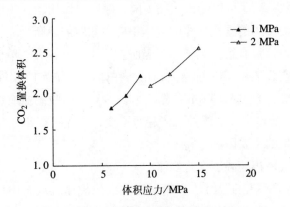

图 5.12 40 ℃时 CO₂ 置换体积随体积应力变化规律

④50 ℃时 CO$_2$ 的置换体积

表 5.9　　　　　　　　　　50 ℃时 CO$_2$ 置换体积试验数据

孔隙压力 /MPa	体积应力 /MPa	CO$_2$ 吸附体积 /（mL·g^{-1}）	CH$_4$ 驱替量 /（mL·g^{-1}）	CO$_2$ 的置换体积
1	6	2.97	1.26	2.36
1	7.5	2.12	0.78	2.71
1	9	1.70	0.51	3.35
2	10	4.25	1.44	2.96
2	12	3.40	1.09	3.13
2	15	2.12	0.59	3.59

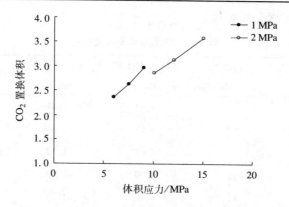

图 5.13　50 ℃时 CO$_2$ 置换体积随体积应力变化规律

从图 5.10 至图 5.13 可以看出，在不同孔隙压力作用下，每组曲线总体都呈现上升的趋势，即 CO$_2$ 的置换体积随着体积应力的增加逐渐增大，这就意味着体积应力对 CH$_4$ 的置换量有很大影响，型煤所受体积应力越大，单位质量型煤产出单位体积 CH$_4$ 所需注入的 CO$_2$ 量越大；虽然在体积应力为 10 MPa 时孔隙压力变为 2 MPa，此处增加了注入 CO$_2$ 的孔隙压力，即 CO$_2$ 的吸附量有所增加，但对应 CH$_4$ 的驱替量也有所增大，曲线的总体趋势不变，因此可以得出型煤的体积应力是影响 CH$_4$ 驱替量的主要因素。

⑤CO$_2$ 的置换体积随温度变化规律

图 5.14 给出了 CO$_2$ 的置换体积随温度的变化规律。从图中可以看出，在不同温度条件下，CO$_2$ 的置换体积随体积应力的变化规律相同，都是随着体积应力的增加而增大；在相同体积应力作用下，CO$_2$ 的置换体积出现了先升高后降低再升高的趋势，即随温度的变化规律为 $V_{50℃} > V_{30℃} > V_{40℃} > V_{20℃}$，这主要由于置换体积取决于 CO$_2$ 的吸附量，相同体积应力和压力作用下，吸附量在 20 ℃时最

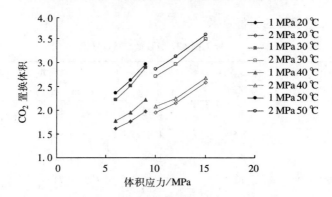

图 5.14 不同温度条件下 CO₂置换体积随体积应力变化规律

大，50 ℃时最小，40 ℃的吸附量大于 30 ℃吸附量，因此 CO_2 的置换体积才会呈现上述变化规律。

（2）CH_4 的驱替效率随体积应力和温度的变化规律

通过对驱替试验数据进行计算，可以获得不同温度条件下孔隙压力为 1 MPa 和 2 MPa 时 CH_4 的驱替效率随体积应力变化曲线，如图 5.15 至图 5.18 所示。

① 20 ℃时 CH_4 驱替效率

表 5.10　　　　　　　　　　20 ℃时 CH_4 驱替效率试验数据

孔隙压力 /MPa	体积应力 /MPa	CH_4吸附量 /（mL·g⁻¹）	CH_4驱替量 /（mL·g⁻¹）	CH_4驱替效率 /%
1	6	4.21	2.72	64.52
1	7.5	3.75	2.28	60.85
1	9	3.28	1.91	58.12
2	10	6.09	3.33	54.69
2	12	4.68	2.34	49.96
2	15	3.75	1.63	43.52

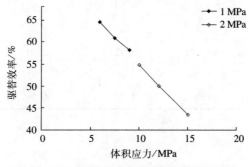

图 5.15　20 ℃时 CH_4驱替效率随体积应力变化规律

② 30 ℃时 CH_4 的驱替效率

表 5.11　　　　　　　　30 ℃时 CH_4 驱替效率试验数据

孔隙压力 /MPa	体积应力 /MPa	CH_4 吸附量 / (mL · g^{-1})	CH_4 驱替量 / (mL · g^{-1})	CH_4 驱替效率 /%
1	6	2.72	1.43	52.52
1	7.5	1.81	0.88	48.67
1	9	1.36	0.61	44.85
2	10	4.08	1.74	42.58
2	12	3.17	1.20	37.94
2	15	2.26	0.74	32.66

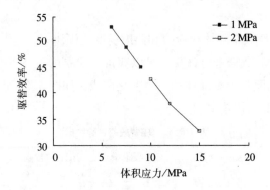

图 5.16　30 ℃时 CH_4 驱替效率随体积应力变化规律

③ 40 ℃时 CH_4 驱替效率

表 5.12　　　　　　　　40 ℃时 CH_4 的驱替效率试验数据

孔隙压力 /MPa	体积应力 /MPa	CH_4 吸附量 / (mL · g^{-1})	CH_4 驱替量 / (mL · g^{-1})	CH_4 驱替效率 /%
1	6	3.95	2.44	61.86
1	7.5	3.07	1.79	58.26
1	9	2.63	1.46	55.66
2	10	4.82	2.50	51.93
2	12	3.95	1.92	48.59
2	15	3.07	1.35	44.12

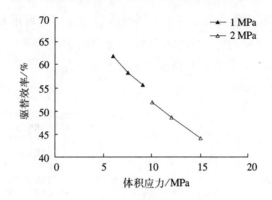

图 5.17 40 ℃时 CH₄驱替效率随体积应力变化规律

④ 50 ℃时 CH₄的驱替效率

表 5.13   **50 ℃时 CH₄的驱替效率试验数据**

孔隙压力 /MPa	体积应力 /MPa	CH₄吸附量 / (mL·g⁻¹)	CH₄驱替量 / (mL·g⁻¹)	CH₄驱替效率 /%
1	6	2.55	1.26	49.39
1	7.5	1.70	0.78	46.18
1	9	1.27	0.55	42.84
2	10	3.82	1.51	39.55
2	12	2.97	1.09	36.52
2	15	1.70	0.56	32.86

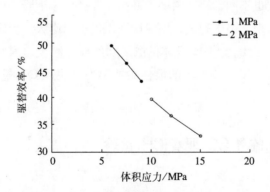

图 5.18   50 ℃时 CH₄驱替效率随体积应力变化规律

通过对图 5.15 至图 5.18 的试验结果分析可得：在相同温度条件下，CH₄的驱替效率随体积应力的增加而减小，体积应力从 5 MPa 增加到 15 MPa，驱替效率平均下降 17% ~21%，20 ℃时下降梯度最大，50 ℃下降梯度最小；虽然在试验过程中增加了 CH$_4$ 的孔隙压力，CH$_4$ 的吸附量也相对有所增加，但最终 CH$_4$ 的驱替效率仍然呈现下降趋势，由此可见孔隙压力的变化对于 CH$_4$ 的驱替效率的影响很小，体积应力才是影响 CH$_4$ 驱替效率的主要因素。

⑤ CH$_4$ 的驱替效率随温度变化规律

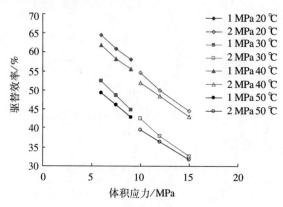

图 5. 19　CH$_4$ 驱替效率随温度变化规律

图 5. 19 给出了 CH$_4$ 的驱替效率随温度的变化规律。从图中可以看出，在不同温度条件下，CH$_4$ 的驱替效率随体积应力的变化规律相同，都是随着体积应力的增加而减小；在相同体积应力作用下，CH$_4$ 驱替效率出现了先降低后升高再降低的趋势，即驱替效率（η 随温度的变化规律为 $\eta_{20℃} > \eta_{40℃} > \eta_{30℃} > \eta_{50℃}$，这与驱替试验过程中 CH$_4$ 吸附量随温度的变化规律相同。在不同温度条件下，CH$_4$ 驱替效率的下降梯度也不同，随着温度的升高，驱替效率下降梯度减小，这可能是温度应力产生的效果。温度越高，型煤所受温度应力越大，导致煤试件内部孔隙或裂隙空间逐渐趋于闭合，CH$_4$ 气体扩散运动的通道减少，因此下降梯度趋于平缓。因此可以得出，20 ℃是 CH$_4$ 的最佳驱替温度，注入 CO$_2$ 量越多，时间越长，驱替效果越明显。

5.3　型煤注超临界 CO$_2$ 驱替 CH$_4$ 试验

5.3.1　超临界 CO$_2$ 吸附量和 CH$_4$ 驱替量随超临界 CO$_2$ 注入压力变化

在恒定体积应力（36 MPa）条件下，开展不同超临界 CO$_2$ 注入压力和温度条件下超临界 CO$_2$ 驱替 CH$_4$ 试验，结果如表 5. 14 所示。

表 5.14　　　　　　　　　　　　**超临界 CO₂驱替 CH₄试验结果**

温度 /℃	超临界 CO_2 压力/MPa	CH_4吸附量 /(cm³·g⁻¹)	超临界 CO_2吸附量 /(cm³·g⁻¹)	CH_4驱替量 /(cm³·g⁻¹)
	8		23.423	0.103
	9		28.696	0.130
35	10	0.448	31.287	0.144
	11		34.441	0.157
	12		38.264	0.180
	8		18.045	0.108
	9		22.828	0.137
45	10	0.375	24.609	0.151
	11		27.842	0.165
	12		30.589	0.189
	8		13.211	0.121
	9		17.451	0.147
55	10	0.334	19.192	0.160
	11		21.009	0.173
	12		24.623	0.198

　　从表 5.14 中可以看出，在温度为 35 ℃、45 ℃和 55 ℃条件下，型煤试件对 CH_4平均吸附量分别为 0.448 cm³/g、0.375 cm³/g 和 0.334 cm³/g。可以看出，随着温度升高，CH_4吸附量逐渐减小，这与之前的研究结果变化规律一致[173]。随着温度升高，试件对 CH_4的吸附受到抑制，CH_4动能增加，吸附态 CH_4从煤体表面解吸，成为游离态，CH_4吸附量降低。

　　图 5.20 为煤中超临界 CO_2吸附量随超临界 CO_2注入压力变化曲线。随着超

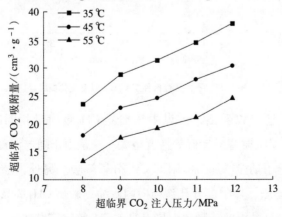

图 5.20　不同温度条件下超临界 CO_2吸附量变化曲线

临界 CO_2 注入压力增大，超临界 CO_2 吸附量增大，曲线变化梯度先减小后增大。以 45 ℃为例，当超临界 CO_2 注入压力从 8 MPa 升至 9 MPa，超临界 CO_2 吸附量从 18.045 cm^3/g 增加至 22.828 cm^3/g，增加了 4.783 cm^3/g；随着压力继续增加至 10 MPa，吸附量变化了 1.781 cm^3/g；当压力增至 12 MPa 时，吸附量增加到 30.589 cm^3/g，变化了 5.98 cm^3/g。

从图 5.20 中还可以看出，随着温度增加，吸附量近似等梯度下降。随着温度从 35 ℃升至 55 ℃，注入压力为 9 MPa，吸附量从 28.696 cm^3/g 降至 17.451 cm^3/g，减小了 11.245 cm^3/g；当注入压力为 11 MPa，吸附量从 34.441 cm^3/g 降至 21.009 cm^3/g，减小了 13.432 cm^3/g。

图 5.21 为不同温度条件下 CH_4 驱替量随煤中超临界 CO_2 吸附量变化规律。从图中可以看出，在一定温度条件下，随着超临界 CO_2 吸附量增加，即超临界 CO_2 注入压力从 8 MPa 增至 12 MPa，CH_4 驱替量平均增加了 0.08 cm^3/g。随着高压 CO_2 持续注入，煤中孔裂隙扩展、贯通，吸附位数量增加，并且由于煤对 CO_2 吸附能力更强，部分吸附态 CH_4 分子从基质表面解吸，煤基质孔隙中游离态 CH_4 分子增多，随着超临界 CO_2 吸附量增加，更多的 CH_4 被驱替置换，CH_4 驱替量增加。

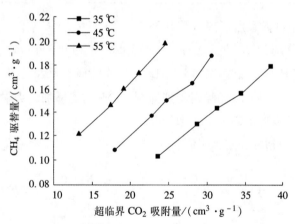

图 5.21　不同温度条件下 CH_4 驱替量变化曲线

从图 5.21 中还可以看出，当煤中超临界 CO_2 吸附量相同时，随着温度从 35 ℃升至 55 ℃，CH_4 驱替量近似等梯度增大。这是由于随着温度增加，CH_4 分子活性增大，CH_4 分子动能增加，吸附态 CH_4 分子解吸。另外，随着温度升高，热应力引起煤试件膨胀，煤中部分孔裂隙向内收缩，影响 CH_4 解吸、产出。后者对 CH_4 驱替量影响较小，因此，随着温度升高，CH_4 驱替量增加。

5.3.2 超临界 CO_2 吸附量和 CH_4 驱替量随体积应力变化

在超临界 CO_2 注入压力为 8 MPa 条件下，开展不同体积应力条件下型煤试件注超临界 CO_2 驱替 CH_4 试验，研究体积应力对 CH_4 驱替量和超临界 CO_2 吸附量的影响规律，结果如表 5.15 所示。

表 5.15   **不同体积应力条件下超临界 CO_2 驱替 CH_4 试验结果**

温度/℃	注入压力/MPa	体积应力/MPa	CH_4 吸附量/($cm^3 \cdot g^{-1}$)	超临界 CO_2 吸附量/($cm^3 \cdot g^{-1}$)	CH_4 驱替量/($cm^3 \cdot g^{-1}$)
35	8	24	0.448	28.199	0.135
		30		26.108	0.118
		36		23.423	0.103
		42		22.314	0.092
45	8	24	0.375	20.990	0.146
		30		19.976	0.128
		36		18.045	0.108
		42		16.981	0.096

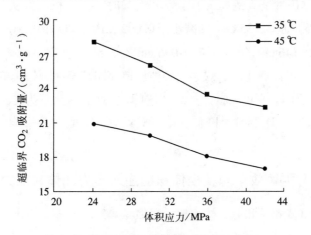

图 5.22   超临界 CO_2 吸附量随体积应力变化曲线

图 5.22 为超临界 CO_2 吸附量随体积应力变化规律。从图中可以看出，随着体积应力增大，超临界 CO_2 吸附量减小。35 ℃时，随着体积应力从 24 MPa 变化至 42 MPa，煤对超临界 CO_2 吸附量从 28.199 cm^3/g 变化至 22.314 cm^3/g，降低了 5.89 cm^3/g；45 ℃时，随着体积应力从 24 MPa 变化至 42 MPa，吸附量从 20.99 cm^3/g 降低至 16.981 cm^3/g，约降低了 4 cm^3/g。随着超临界 CO_2 持续注入，煤中部分通道扩展，煤样吸附超临界 CO_2，基质膨胀变形，而在较高的体积应力限制作用下，煤中孔裂隙通道会向内收缩，抑制煤吸附超临界 CO_2，造成型

煤试件同时受 2 个相反因素影响。随着体积应力增加，体积应力是主要影响因素，因此超临界 CO_2 吸附量减小。

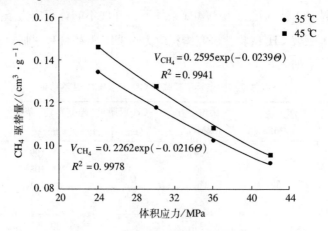

图 5.23 CH_4 驱替量随体积应力变化曲线

图 5.23 为 CH_4 驱替量随体积应力变化曲线，从图中可以看出，随着体积应力增大，CH_4 驱替量呈负指数减小趋势。35 ℃时，当体积应力从 24 MPa 升至 42 MPa，CH_4 驱替量从 0.135 cm^3/g 减小至 0.092 cm^3/g，减小了 31.85%；45 ℃时，CH_4 驱替量从 0.146 cm^3/g 变化至 0.096 cm^3/g，减小了 34.24%。在较高体积应力限制条件下，煤体受压缩，煤中孔裂隙通道收缩甚至闭合，影响 CO_2 和 CH_4 运移，较少吸附态 CH_4 被 CO_2 驱替，游离态 CH_4 扩散、渗流行为受到抑制，因此随着体积应力增加，CH_4 驱替量降低，体积应力对 CH_4 驱替量影响减弱，CH_4 驱替量曲线趋于平缓。

5.3.3 CH_4 驱替效率和置换体积随注入压力和体积应力变化

（1）CH_4 驱替效率和置换体积比随超临界 CO_2 注入压力变化

表 5.16   **CH_4 驱替效率随超临界 CO_2 注入压力变化结果**

温度 /℃	体积应力 /MPa	超临界 CO_2 注入 压力/MPa	CH_4 吸附量 / ($cm^3·g^{-1}$)	CH_4 驱替量 / ($cm^3·g^{-1}$)	驱替效率 /%
		8		0.103	22.98
		9		0.130	29.09
35	36	10	0.448	0.144	32.19
		11		0.157	35.01
		12		0.180	40.18

续表 5.16

温度 /℃	体积应力 /MPa	超临界 CO_2 注入 压力/MPa	CH_4 吸附量 /（$cm^3 \cdot g^{-1}$）	CH_4 驱替量 /（$cm^3 \cdot g^{-1}$）	驱替效率 /%
45	36	8	0.375	0.108	28.84
		9		0.137	36.56
		10		0.151	40.27
		11		0.165	44.02
		12		0.189	50.21
55	36	8	0.334	0.121	36.25
		9		0.147	43.85
		10		0.160	47.95
		11		0.173	51.89
		12		0.198	59.19

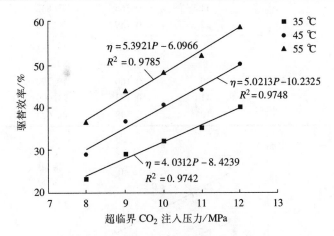

图 5.24 不同温度条件下 CH_4 驱替效率曲线

图 5.24 为不同温度条件下 CH_4 驱替效率随超临界 CO_2 注入压力变化曲线。从图中可以看出，在同一温度条件下，随着超临界 CO_2 注入压力增加，CH_4 驱替效率呈线性上升，温度越高，曲线斜率越大。当超临界 CO_2 注入压力从 8 MPa 增至 12 MPa 时，35 ℃下，驱替效率从 22.98% 变化至 40.18%，增长了 17.2%；55 ℃下，驱替效率从 36.25% 变化至 59.19%，增加了 22.94%。随着超临界 CO_2 注入压力增加，CH_4 分压降低，吸附态 CH_4 不断从煤基质表面解吸、扩散至基质裂隙，并且高压 CO_2 注入促进煤中孔隙扩展、连通，游离态 CH_4 扩散速度提高，因此 CH_4 驱替效率增加。

从图 5.24 中还可以看出，恒定超临界 CO_2 注入压力条件下，随着温度每升高 10 ℃，驱替效率平均升高 8%。这主要是由于型煤试件中吸附态 CH_4 总量较低，随着温度升高，越来越多吸附态 CH_4 从基质表面解吸，游离态 CH_4 增多，CH_4 驱替效率升高。

表 5.17 CO_2 置换体积比随超临界 CO_2 注入压力变化结果

温度 /℃	体积应力 /MPa	注入压力 /MPa	CH_4驱替量 /($cm^3 \cdot g^{-1}$)	超临界 CO_2 吸附量 /($cm^3 \cdot g^{-1}$)	CO_2 置换 体积比
35	36	8	0.103	23.423	3.21
		9	0.130	28.696	2.76
		10	0.144	31.287	2.45
		11	0.157	34.441	2.25
		12	0.180	38.264	2.00
45	36	8	0.108	18.045	2.43
		9	0.137	22.828	2.15
		10	0.151	24.609	1.90
		11	0.165	27.842	1.79
		12	0.189	30.589	1.58
55	36	8	0.121	13.211	1.64
		9	0.147	17.451	1.59
		10	0.160	19.192	1.44
		11	0.173	21.009	1.32
		12	0.198	24.623	1.25

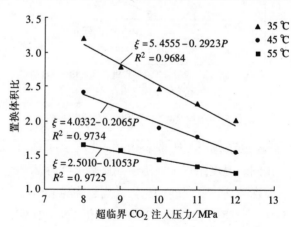

图 5.25 CO_2 置换体积比随超临界 CO_2 注入压力变化曲线

图 5.25 为不同温度条件下置换体积比随超临界 CO_2 注入压力变化规律。从图中可以得出，在同一温度下，随着超临界 CO_2 注入压力增加，置换体积比呈线性递减，温度越高，置换体积比变化梯度越小。35 ℃下，当注入压力从 8 MPa 增至 12 MPa 时，置换体积比从 3.21 降低至 2，减小了 1.21；55 ℃下，置换体积

比从 1.64 降低至 1.25，变化了 0.39。随着超临界 CO$_2$ 注入型煤试件，原始的 CH$_4$ 吸附平衡被打破，由于煤对 CO$_2$ 吸附能力更强，CO$_2$ 与 CH$_4$ 竞争吸附，煤中 CO$_2$ 吸附在基质表面，吸附态 CH$_4$ 不断解吸，CH$_4$ 驱替量增加。超临界 CO$_2$ 注入压力增加促进超临界 CO$_2$ 吸附，使得超临界 CO$_2$ 驱替置换 CH$_4$ 效果更明显。

从图 5.25 中还可以看出，在相同超临界 CO$_2$ 注入压力条件下，随着温度升高，置换体积比降低。当超临界 CO$_2$ 注入压力为 8 MPa 时，温度每升高 10 ℃，置换体积比近似平均下降 0.79；当注入压力为 12 MPa 时，置换体积比平均减小了 0.38。温度升高，分子运动越剧烈，为了驱替等量的 CH$_4$ 需要注入更少 CO$_2$。

在相同体积应力条件下，提高超临界 CO$_2$ 注入压力和温度，CH$_4$ 驱替效率增加，置换体积比下降，表明高温和高压能够促进超临界 CO$_2$ 驱替 CH$_4$，提高 CH$_4$ 产出率。

（2）CH$_4$ 驱替效率 CO$_2$ 置换体积比随体积应力变化规律

表 5.18　　　　　　　　　　**CH$_4$ 驱替效率随体积应力变化规律**

温度 /℃	注入压力 /MPa	体积应力 /MPa	CH$_4$ 吸附量 / (cm$^3 \cdot$ g^{-1})	CH$_4$ 驱替量 / (cm$^3 \cdot$ g^{-1})	驱替效率 /%
35	8	24	0.448	0.135	30.13
	8	30		0.118	26.35
	8	36		0.103	22.98
	8	42		0.092	20.54
45	8	24	0.375	0.146	38.92
	8	30		0.128	34.14
	8	36		0.108	28.84
	8	42		0.096	25.60

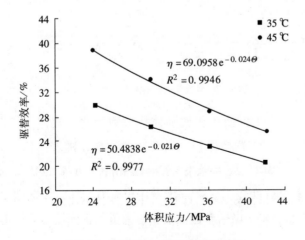

图 5.26　驱替效率随体积应力变化曲线

图 5.26 为 CH_4 驱替效率随体积应力变化曲线。从图中可以看出，体积应力对 CH_4 驱替效率影响显著，随着体积应力增大，驱替效率呈指数下降。温度为 35 ℃时，当体积应力从 24 MPa 升至 42 MPa，驱替效率从 30.13% 减小至 20.54%，减小了 9.59%；45 ℃时，在相同的体积应力变化范围内，驱替效率从 38.92% 降低至 25.6%，变化了 13.32%。

表 5.19　　　　　　　　　　　CO_2 置换体积比随体积应力变化结果

温度 /℃	注入压力 /MPa	体积应力 /MPa	CH_4 驱替量 /（$cm^3·g^{-1}$）	超临界 CO_2 吸附量 /（$cm^3·g^{-1}$）	CO_2 置换体积比
35	8	24	0.135	28.199	2.95
		30	0.118	26.108	3.12
		36	0.103	23.423	3.21
		42	0.092	22.314	3.42
45	8	24	0.146	20.990	2.09
		30	0.128	19.976	2.27
		36	0.108	18.045	2.43
		42	0.096	16.981	2.58

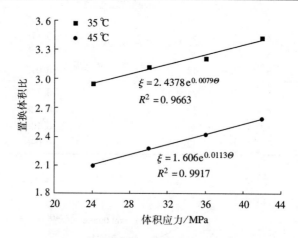

图 5.27　置换体积比随体积应力变化曲线

图 5.27 反映了 CO_2 置换体积比随体积应力变化的规律。从图中可以看出，随着体积应力增大，CO_2 置换体积比增大。35 ℃时，随着体积应力从 24 MPa 升至 42 MPa，置换体积比从 2.95 变化至 3.42，增大了 0.47；45 ℃时，置换体积比从 2.09 变化至 2.58，变化了 0.49。随着体积应力增加，煤试件内部孔裂隙空间收缩，孔隙连通性较差，煤样渗透性较差，为了驱替等量的 CH_4 需要注入更多的 CO_2。

随着体积应力增加，煤中孔裂隙收缩、闭合，煤体渗透性变差，CH$_4$ 驱替效率降低，超临界 CO$_2$ 置换体积比增加，表明高体积应力条件下超临界 CO$_2$ 驱替 CH$_4$ 效果较差。

5.4　含 CH$_4$ 煤岩注入 CO$_2$/超临界 CO$_2$ 力学性质变化规律

5.4.1　含 CH$_4$ 煤岩注入 CO$_2$ 力学性质及渗流特性变化

将第 1 组试件标记为 1～5 号，向 5 个试件注入压力为 1 MPa 的 CH$_4$ 进行吸附试验，吸附时间为 24 h 达到吸附饱和状态；向 2～5 号试件再分别注入 1 MPa、2 MPa、3 MPa 和 4 MPa 的 CO$_2$ 进行驱替试验，驱替时间为 24 h 达到完全驱替状态。第 2 组试件制作过程同第 1 组一致。

具体试验步骤如下。

① 检查试验装置气密性。将第 1 组 1 号煤样用热缩套密封后，放入三轴渗透仪内，密封。预热水浴系统，待温度达到 30 ℃ 稳定后，将试验系统放入水浴中。先加载轴压再加载围压，待预定值稳定后通入孔隙压，再稳定 1 h 后检查试验系统是否有液体或气体流出，保证试验系统气密性良好。

② 通入孔隙压力为 1 MPa 的 CH$_4$ 气体，利用排水法量测排出气体流量，每个数据读取三次，取平均值。

③ 逐渐升高孔隙压，测取和计算升压过程渗透率变化情况。

④ 分别将 2～5 号试件装入试验系统，重复步骤②和步骤③，记录和整理试验数据，完成渗透试验。

⑤ 利用压力机对第 2 组 1～5 号试件开展单轴压缩条件下的力学性能试验研究，进而分析煤样内气体种类和注气压力对于煤试件强度的影响，结果如图 5.28 和图 5.29 所示。

从图 5.28 可以得出，含 CH$_4$ 煤岩注入 CO$_2$ 后，单轴压缩过程应力应变曲线与含 CH$_4$ 煤岩单轴压缩曲线趋势基本一致，都是经历压实、弹性变形、塑性过渡和峰后破坏 4 个阶段，在塑性过渡阶段之前，胡克定律一直适用。煤岩注入等孔隙压 CO$_2$ 后，强度极限和弹性模量都明显上升，强度极限由 0.21 MPa 上升为 0.58 MPa。这主要是由于煤样通过压缩成型的型煤试件，内部孔/裂隙分布均匀且空间细小。当注入 CH$_4$ 气体后，内部孔/裂隙发生了结构变化，在孔隙压力作用下新生了一部分孔/裂隙空间，致使强度明显降低；当注入 CO$_2$ 后，由于 CO$_2$

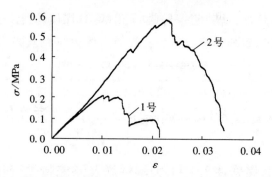

图 5.28　含 CH_4 和注 1 MPa CO_2 煤样应力应变曲线

的吸附能力明显大于 CH_4，CO_2 分子会占据更多的吸附位，因此，含 CO_2 煤样的强度就大于含 CH_4 煤样。2 种试件都具有明显的弹性阶段，并且线性较好。1 号试件单轴压缩曲线具有明显的屈服阶段，产生较大的残余变形。在强度峰值之后，两种煤样都产生了明显的变形，含 CH_4 煤样的残余强度明显，从图中 1 号曲线可以看出，在脆性破坏阶段煤样的承载力并没完全消失，而保持一个极小的应力值，试验继续加载时应力值降低，直至完全破坏。

（1）含 CH_4 煤岩注入 CO_2 力学性质变化

从图 5.29 中可以看出，4 块煤试件的应力应变曲线变化趋势基本相同。随着 CO_2 注气压力增加，型煤试件的强度逐渐降低，2 号煤样强度为 0.58 MPa，5 号煤样强度为 0.2 MPa，注气压力每增加 1 MPa，煤岩强度平均下降 0.095 MPa；煤样弹性模量逐渐减小，最大轴向应变相应减小，如表 5.20 所示。这主要是由于煤样的破裂是变形积累到一定程度所产生的突变现象，试件产生的变形是试件受载荷作用产生的体应变，试件内的孔/裂隙结构是影响体应变的主要因素，随着 CO_2 注入压力的升高，型煤试件逐渐膨胀致使内部的孔/裂隙不断扩张，在单轴压缩条件下煤试件内部微结构更容易发生屈曲失稳和滑移失稳，导致强度降低。

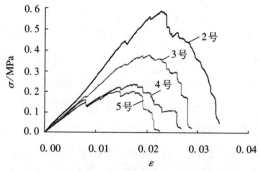

图 5.29　不同注气压力条件下煤样应力应变曲线

表 5. 20   2—5 号煤样单轴压缩条件下力学参数

试样编号	高/mm	直径/mm	最大承载力/N	最大应变	弹性模量/MPa
2	102. 1	50. 38	1333. 40	0. 026	27. 39
3	103. 1	50. 41	612. 91	0. 022	21. 50
4	104. 5	50. 43	556. 28	0. 017	15. 62
5	105. 3	50. 45	471. 38	0. 014	14. 77

从上述试验结果可以看出，注入不同压力 CO_2 后煤岩试件强度等力学参数有所变化，主要是由于煤岩内部孔/裂隙结构发生改变，这必然会影响 CH_4 的产出量，因此，需要进一步开展注 CO_2 煤岩渗透性试验。

（2）含 CH_4 煤岩注入 CO_2 渗流特性变化

图 5. 30 为 1 号和 2 号煤样中 CH_4 气体渗透率随孔隙压变化曲线。从图中可以得出，CH_4 气体渗透率随孔隙压力增加而减小。在相同孔隙压条件下，随着煤试件中 CH_4 逐渐被 CO_2 驱替，渗透率呈现下降趋势。当孔隙压力较小时，CH_4 气体渗透率下降梯度较大；当孔隙压力逐渐增大，CH_4 气体渗透率下降梯度较小。这主要是由于煤试件对 CO_2 和 CH_4 的吸附能力不同，CO_2 的吸附能力要强于 CH_4。相同吸附和驱替压力条件下（1 MPa），随着 CO_2 注入（驱替）时间的增加，CO_2 气体分子会更多地附着在煤样试件内部的孔/裂隙的表面，占据更多的气体渗流通道，因此与 1 号煤样相比，2 号试件渗透性较差。

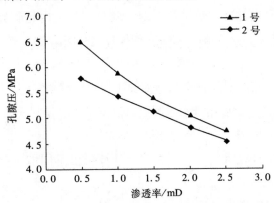

图 5. 30　1 号和 2 号煤样中 CH_4 气体渗透率随孔隙压变化曲线

图 5. 31 为不同注气压力条件下煤样中 CH_4 气体渗透率随孔隙压变化曲线。从图中可以得出，2—5 号煤样渗透性变化趋势基本相同，随着孔隙压增加，CH_4 气体渗透率逐渐减小。相同孔隙压条件下，随着煤试件 CO_2 注气压力增大，试件的渗透性逐渐增强，以孔隙压 0. 5 MPa 为例，2 号煤样中 CH_4 气体渗透率为 5. 75 mD，5 号煤样中 CH_4 气体渗透率为 9. 67 mD，但渗透率增长幅度逐渐减小，CO_2 注入压力每增

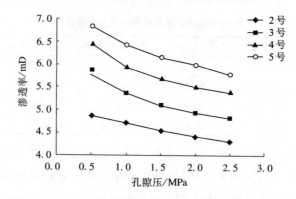

图 5.31　不同注气压力条件下煤样中 CH_4 气体渗透率随孔隙压变化曲线

加 1 MPa，渗透率平均增加 1 mD。这主要是由于煤样注入 CO_2 驱替 CH_4 过程中会产生体积膨胀，虽然随着 CO_2 注入压力增加，驱替过程中 CO_2 会占据更多的吸附位，但 这对于煤试件渗透性所产生的影响远小于体积膨胀所产生的影响；随着 CO_2 驱替压力逐渐升高，煤试件体积膨胀率逐渐减小，致使 CH_4 气体渗透率增长梯度减小。

5.4.2　煤岩注入超临界 CO_2 力学性质及渗流特性变化

试验步骤：

① 检查装置气密性。预热试验系统，调节压力釜内超临界 CO_2 压力至预定值，将装置抽真空后注入超临界 CO_2，使煤样充分吸附 24 h 后认为吸附饱和，释放游离气体。

② 利用手动压力泵对煤样交替施加轴压和围压至预定值，通入注入压力为 2 MPa 的 N_2，待流速稳定后用排水法测取渗流流量，测量三次求平均值。

③ 改变试件的体积应力，重复步骤②。

④ 更换预制试件，重复①、②、③，计算得出不同增透条件下预制试件中 N_2 渗透率变化规律。

（1）含 CH_4 煤岩注入超临界 CO_2 力学性质变化

表 5.21　　　　　　　　　　单轴压缩条件下各试件参数

CO_2 压力/MPa	单轴抗压强度/MPa	弹性模量/MPa	泊松比
8	3.29	165.0	0.20
9	3.22	99.1	0.32
10	3.04	93.6	0.36

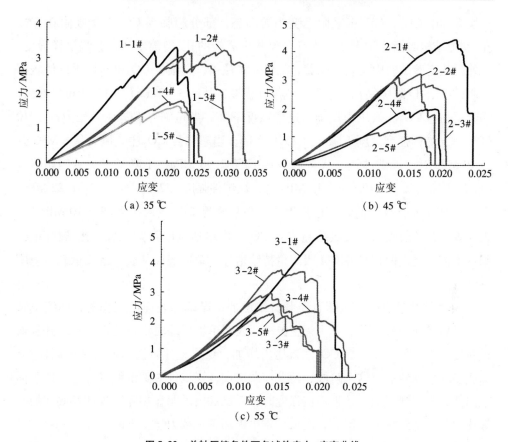

图 5.32 单轴压缩条件下各试件应力-应变曲线

11	1.77	77.4	0.37
12	1.63	73.0	0.43

① 图 5.32 为温度分别为 35 ℃、45 ℃、55 ℃条件下，不同超临界 CO₂注入压力下各煤样应力-应变曲线。从图中可以看出，虽然各试件力学特性存在差异，但试件的应力-应变曲线均呈现压密阶段、弹性阶段、塑性过渡阶段、峰后破坏阶段，在煤试件破坏之前，胡克定律始终适用。

② 以图 5.32(b)为例，初期，2-1#至 2-3#煤样的压实阶段不明显，曲线变化趋势大体一致，线弹性阶段持续时间较长；2-4#与 2-5#煤样的压实阶段相对较长，但弹性阶段持续时间较短。由型煤的制作工艺可知，型煤的孔隙结构均匀且细小，因此，单轴压缩试验中 2-1#至 2-3#煤样较快完成压密过程。并结合表 5.20 发现，随着超临界 CO₂注入压力增加，煤样弹性模量总体呈减小趋势，下降了 44%。

③ 随着超临界 CO₂持续注入饱和吸附 CH₄型煤试件中，部分超临界 CO₂驱替

置换煤样中 CH_4，CH_4 由吸附态变为游离态，部分超临界 CO_2 直接吸附在煤样孔/裂隙结构表面，扩大试件原有孔隙并生成新的孔/裂隙空间，影响煤样强度。另外，从增透试验中发现，随着超临界 CO_2 注入，超临界 CO_2 可萃取煤试件表面基质，影响孔/裂隙结构，进而影响煤样强度。从图 5. 32(a) ~ (c)中可以看出，随着超临界 CO_2 注入压力增加，煤样强度下降。当超临界 CO_2 注入压力高于 10 MPa 时，煤样强度急剧下降。以 45 ℃为例，当超临界 CO_2 注入压力从 8 MPa 升至 10 MPa 时，煤试件强度从 4. 42 MPa 降至 2. 96 MPa，下降了 33%；当超临界 CO_2 注入压力从 10 MPa 升至 12 MPa 时，煤试件强度从 2. 96 MPa 降至 1. 22 MPa，下降了 59%，远高于前者。这是因为，当超临界 CO_2 注入压力高于 10 MPa 后，煤样以多分子层吸附方式吸附超临界 CO_2，由增透试验可知，虽然孔/裂隙结构基本不再扩展，但超临界 CO_2 吸附量持续增加，萃取表面基质，造成承载力急剧下降。

④ 在塑性过渡阶段，随着荷载持续增加，煤试件表面出现剥落，曲线呈现先下降后增加趋势，并上下小幅度波动，表明单轴压缩时煤样脆性较强。并且通过对比发现，随着超临界 CO_2 注入压力增加，煤样塑性过渡阶段持续时间增加，曲线多次出现峰值。这个阶段，随着荷载增加，煤试件裂隙继续发育，煤体表面或内部出现宏观裂隙。接近峰值强度时，煤试件出现明显裂隙，顶部及底部均有煤粉脱落，达到峰值强度后，煤试件发生破坏，承载力急剧下降。

⑤ 随着超临界 CO_2 注入压力增加，煤试件在破坏阶段应力跌落较慢，表明煤试件脆性逐渐减弱。煤体破坏后，可以清晰看出主裂纹贯穿煤体，煤体呈劈裂破坏。这主要是由于煤粉颗粒间摩擦力较弱，造成煤试件表面煤粉脱落及煤体破坏，降低试件承载力。

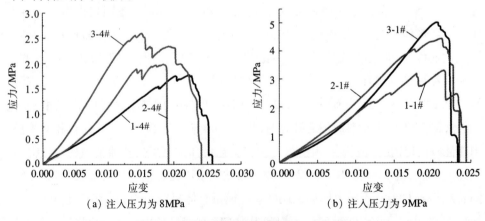

（a）注入压力为8MPa   （b）注入压力为9MPa

图 5. 33   不同温度条件下各试件应力-应变曲线

图 5.33 为相同超临界 CO₂ 注入压力、不同温度条件下，单轴压缩条件下煤试件应力-应变曲线。从图中可以看出，温度对煤样强度影响较大，随着驱替温度升高，煤样强度增加。这是由于随着温度升高，煤试件对超临界 CO₂ 吸附量减小；并且，随着温度升高，CH₄ 驱替量增加，即游离态 CH₄ 增加，影响煤试件孔/裂隙闭合程度，因此随着温度升高煤样强度提高。以图（b）为例，当超临界 CO₂ 注入压力为 11 MPa，随着温度从 35 ℃升至 55 ℃，煤样强度从 1.74 MPa 提高至 2.58 MPa，提高了 50%。此外，还能从图中发现，当超临界 CO₂ 注入压力相同时，温度为 35 ℃条件下煤试件极限应变最高。

表 5.22　　　　　　　　　　　　　三轴压缩条件下各试件参数

试件编号	弹性模量/MPa	煤试件参数 强度/MPa	残余强度/MPa
1#	1751.33	44.10	34.55
2#	1172.60	38.64	27.63
3#	1655.89	36.83	28.95
4#	1363.42	34.25	20.78
5#	1112.45	21.96	19.12

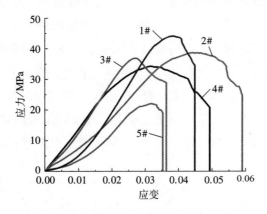

图 5.34　三轴压缩条件下各试件应力-应变曲线

⑥ 结合表 5.22 中数据，从图 5.34 中可以看出，1#试件峰值强度、弹性模量显著高于其他煤试件，但峰值应变较低。进一步表明，注超临界 CO₂ 驱替煤中 CH₄ 可降低煤试件强度。另外，三轴压缩条件下各原煤试件弹性模量、峰值应变离散性较大。1#弹性模量最大，3#次之，2#与5#相差不大；1#极限应变最大，4#次之，5#最低，这是由于各原煤试件自身存在一定差异，以及驱替试验过程中超临界 CO₂ 注入提高煤试件渗透性，即影响孔/裂隙结构，但程度不一，因此造成

数据相对离散。

⑦ 随着超临界 CO_2 注入压力增大，煤样峰值强度逐渐降低，残余强度及峰值应变呈降低趋势。当超临界 CO_2 注入压力从 8 MPa 增至 11 MPa 时，强度降低了43%，残余强度降低了31%。这一规律与单轴压缩条件下超临界 CO_2 驱替 CH_4 后型煤试件各数据变化规律一致。

⑧ 从图5.34 中可以看出，3#与4#试件压实阶段不明显，而其他试件的应力-应变曲线有明显的压实阶段，特别是5#，由于超临界 CO_2 注入压力最高，对孔/裂隙结构影响最大，造成压实阶段过长且线弹性阶段较短。由于原煤试件存在原生孔/裂隙，在围压作用下，部分孔/裂隙闭合。并且随着超临界 CO_2 持续注入，驱替煤中 CH_4，影响煤试件孔/裂隙结构，改变煤层渗透性。

⑨ 通过比较各试件应力-应变曲线还可以发现，注超临界 CO_2 后煤样塑性较好，试件三轴应力-应变曲线较平滑，峰值强度附近无明显波动。并且在加载全过程中原煤表面几乎没有明显煤粉脱落现象。

（2）含 CH_4 煤岩注入超临界 CO_2 渗流特性变化

图5.35 为35 ℃条件下型煤试件吸附超临界 CO_2 前后渗透性对比图。从图中可以得出，随着试件体积应力增加，增透前后型煤渗透率都呈现负指数递减趋势，但相同体积应力条件下注入超临界 CO_2 的型煤试件渗透性较好，渗透率较大，由此可见型煤注入超临界 CO_2 增透效果明显。图5.36 为不同温度条件下预制型煤渗透率随增透压力变化曲线。从图中可以得出，在相同预制条件下，随着试件体积应力增加，渗透率呈现递减趋势；在同一体积应力条件下，随着超临界 CO_2 增透压力增大，35 ℃时渗透率呈先增大后减小再增大的趋势，45 ℃、55 ℃时渗透率先增大后减小。当增透压力为10 MPa 时，渗透率显著高于其他增透压

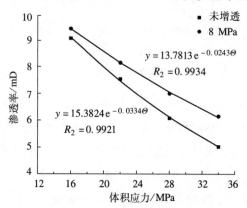

图5.35 煤岩吸附超临界 CO_2 前后渗透性对比图

力条件下的渗透率，煤层渗透性最好。增透试验中，煤试件变形是由煤体吸附超临界 CO_2 引起的膨胀和超临界 CO_2 对煤体的压缩两部分构成。增透压力低于 10 MPa 时，煤体变形主要受前者影响。随着增透压力增加，超临界 CO_2 吸附量增加，煤试件膨胀明显。当增透压力从 10 MPa 增加至 11 MPa 时，煤试件体积膨胀率无明显变化，超临界 CO_2 对煤试件压缩作用造成部分孔/裂隙闭合，致使渗透率降低。当超临界 CO_2 增透压力高于 11 MPa 时，随着增透压力增加，煤试件膨胀程度基本不变，随着超临界 CO_2 注入，煤体内部孔/裂隙持续拓展，致使 N_2 渗透率小幅上升；当温度为 45 ℃、55 ℃时，超临界 CO_2 吸附量低于 35 ℃时吸附量，膨胀程度较低，导致渗透率继续下降。

从图 5.36 可以看出，当注入压力为 8 MPa 时，同一体积应力条件下随着型煤预制温度（吸附温度）的升高，渗透率基本呈线性升高趋势。随着温度升高，产生热应力使煤体膨胀，渗流通道较宽，渗透率呈升高趋势。当注入压力分别为

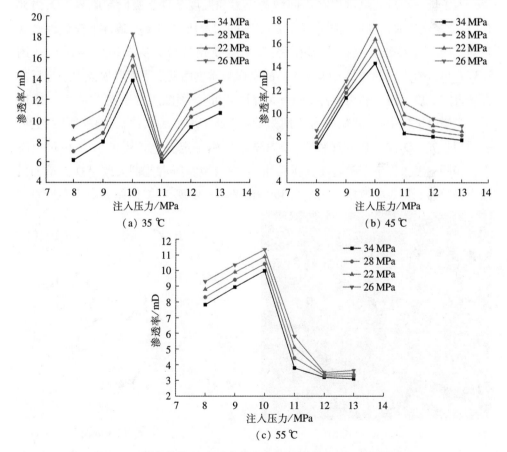

图 5.36 不同超临界 CO_2 压力条件下煤岩吸附超临界 CO_2 后渗透性变化

9 MPa、10 MPa 和 11 MPa 时，渗透率随温度变化趋势相同，都是呈现先增大后减小的趋势，即温度为 45 ℃时型煤渗透率高于 35 ℃和 55 ℃时渗透率。但当注入压力为 11 MPa 和 12 MPa 时，随着温度升高，预制型煤渗透率呈现降低趋势，45 ℃至 55 ℃区间内下降幅度明显，约减小了 70%。由于热应力相对较小，随着超临界 CO₂增透压力上升，煤试件孔/裂隙向内闭合，造成渗透率降低。

表 5.23　　　　　　　　　　　　　　　　　孔/裂隙所占比例　　　　　　　　　　　　　　%

温度/℃	CO₂压力/MPa					
	8	9	10	11	12	13
35	3.98	4.09	4.84	4.80	4.00	4.03
45	5.47	5.63	6.00	4.40	3.80	3.60
55	4.04	4.07	4.50	4.10	3.40	3.00

　　为了进一步研究煤试件在不同增透压力和温度条件下吸附超临界 CO₂内部孔/裂隙变化规律，利用扫描电镜开展了不同增透压力和温度条件下煤试件微观观测试验，深入分析煤样内部孔/裂隙结构变化规律。从扫描电镜结果（图 5.37）可以看出，超临界 CO₂注入后的煤样基质表面发生了萃取现象。经过反复尝试设定灰度阈值，利用软件 Image J 统计分析孔/裂隙所占比例，如表 5.23 所示。未增透试件中孔/裂隙所占比例为 2%，低于增透后试件孔/裂隙所占比例，表明超临界 CO₂注入后煤试件孔/裂隙结构发生一定变化。从表 5.23 中可以看出，相同温度条件下，随着注入压力增加，孔/裂隙所占比例大致呈现先增加后减小趋势。利用表中数据对比图 5.36 中渗透率，发现 35 ℃时结果略有不同。当

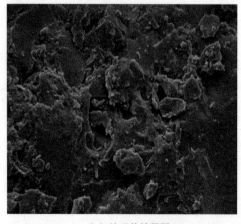 

（a）处理前结果图　　　　　　　　　　　　（b）处理后结果图

图 5.37　Image J 处理扫描电镜结果对比图

超临界 CO_2 注入压力为 10 MPa 和 11 MPa 时，煤样孔/裂隙所占比例较高，而渗透率急剧下降。这是由于增透压力高于 10 MPa 时，超临界 CO_2 萃取煤试件表面基质后，萃取物滞留于煤基质表面，渗透率下降。从表中还可以看出，随着增透压力增加，孔/裂隙所占比例随着温度升高由逐渐升高过渡为先增加后减小，当注入压力为 11 MPa、12 MPa 和 13 MPa 时，孔/裂隙所占比例随着温度升高呈现出递减趋势，与图 5.36 中渗透率变化趋势一致。由于温度升高，超临界 CO_2 密度随之降低，超临界 CO_2 萃取能力略有下降，萃取物易滞留在渗流通道表面，阻塞孔隙，影响增透效果。从表中可以得出，增透压力为 10 MPa、吸附温度为 45 ℃时增透效果最为明显。

5.5　CO_2 置换煤层 CH_4 机理分析

煤层是一种典型的二重介质，煤基质发育有丰富的微孔隙，煤的孔隙结构分为基质孔隙和裂缝孔隙，其中垂直或近似垂直于煤层层面的称为割理，割理的间距和方位一般是均匀的，根据形态和特征将割理分为面割理和端割理，因此煤层在形成的过程中，内部形成了一种近似于正交的裂隙网络，称为割理系统，如图 5.38 和图 5.39 所示。

图 5.38　实际煤样的剖面　　　　　　　　图 5.39　双重孔隙结构

CH_4 在煤内部的微孔隙发生吸附行为，CH_4 在煤基质的内表面上以物理吸附的形式赋存于煤层中，并且吸附量与煤层内部裂隙系统中的压力有一定的关系，符合 Langmuir 等温吸附方程。CH_4 的渗流过程主要在煤层内部的裂隙网络内进行，一般认为煤层气的渗流运动服从线性达西定律。Arri[174] 研究了利用降低储层压力的方法生产煤层气的原理，主要的煤层气生产方式如下。

①通过抽取煤层内部裂隙系统存储的地下水，进而降低煤层内部裂隙的压力，使煤层气在煤层内部微孔中产生解吸；

②煤层气从煤层内部的基质微孔扩散到煤割理中；

③解吸出来的气体运动遵循达西定律，随着裂隙和割理系统中的水流进入井筒。

但是上述的煤层气抽采方法不是十分有效，在持续生产了几十年后，煤层气最终的采收率都不会超过原始储层中气体总量的50%。因此，为了增加煤层气的产量，提出了一种新的抽采方法：通过对煤层注入气体来提高煤层瓦斯的采收率。由于煤层对 CH_4 的吸附能力比对 N_2 的吸附能力强，CH_4 与 N_2 在竞争吸附的过程中处于优势，即 CH_4 不能被 N_2 从煤层内部驱替出来，但煤层注入 N_2 后会降低 CH_4 的摩尔分数，从而降低了 CH_4 的相对压力，最终也能达到提高煤层瓦斯采收率的目的，但效果不是十分明显。

煤对 CO_2 的吸附能力大于煤对 CH_4 的吸附能力。当 CO_2 气体注入煤层后，由于 CO_2 的吸附能力较强，与煤内部基质表面上的 CH_4 之间发生竞争吸附，经过一段时间后可驱替置换出吸附的 CH_4。利用煤层注 CO_2 置换 CH_4 的抽采方法与常规负压抽采方法相比，前者可以回收90%以上的煤层 CH_4，而后者只能回收30%~70%。

利用 CO_2 置换煤层 CH_4 的过程中，气体在煤层中的运移过程主要包括以下几个阶段：①由于驱替压力产生的 CO_2 在煤天然孔隙或裂隙中的渗流运动；②在煤基质内部由于浓度梯度产生的扩散运动；③CO_2 和 CH_4 混合气在煤内部颗粒表面上发生的吸附、解吸和置换，如图5.40所示。

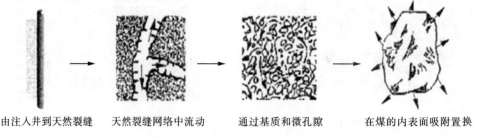

由注入井到天然裂缝　　　天然裂缝网络中流动　　　通过基质和微孔隙　　　在煤的内表面吸附置换

图5.40　煤层中注入 CO_2 运移机理

多元混合气体的吸附试验结果表明，每种气体的吸附过程不是独立的，而是相互竞争相同的吸附位。吸附平衡是一种动态平衡，煤中气体的吸附和解吸一直持续进行，分子间范德华力较大的气体会先占据煤表面的吸附位，或者把分子间范德华力较小的气体从吸附位替换出来。由于混合气中各种气体的吸附能力不同，因此游离相中各种气体的组分在不断地发生变化，游离相中吸附能力强的气体浓度下降，吸附能力弱的气体浓度相对上升。因此，注入 CO₂ 不但可以减小煤层 CH₄ 的分压，加速了煤层 CH₄ 的解吸，而且还可以驱替出一部分 CH₄，提高了煤层气的产量，而 CO₂ 气体最终以吸附态或游离态赋存于煤层中，实现了 CO₂ 气体地下封存的目的，如图 5.41 所示。

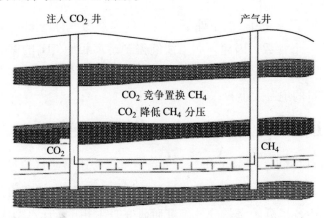

图 5.41　注气开采煤层气增产机理

5.5.1　扩展 Langmuir 等温吸附方程及二元气体吸附分离因子

混合气体吸附时，各组分间相互影响，吸附量和压力的关系可以用扩展 Langmuir 等温吸附方程来表示：

$$C_i(P_i) = \frac{V_{Li}/P_i}{P_{Li}\left[1 + \sum_{j=1}^{n}\left(\frac{P}{P_L}\right)_j\right]} \tag{5-3}$$

式中：V_{Li} 和 P_{Li} 为单组分气体吸附的 Langmuir 常数，P_i 是某一气体组分的分压。

根据扩展 Langmuir 方程，可以利用每种气体组分的分压直接计算出其浓度，对于二元混合气体的竞争吸附，一旦吸附平衡后游离气体组分确定以后，吸附的 CH₄ 和 CO₂ 比例可用分离因子 α 来确定，即

$$\alpha = \frac{(x/y)_i}{(x/y)_j} \tag{5-4}$$

式中：x 和 y 是气体吸附相和游离相组分 i 和 j 的摩尔分数，并且满足：

$$\sum_{i=1}^{2} x_i = 1 \tag{5-5}$$

根据 x_i（$i=1, 2$）的定义，可以用 C_i（P_i）（$i=1, 2$）和吸附相中总的气体浓度表示为

$$x_i = \frac{C_i(P_i)}{\sum\limits_{i=1}^{2} C_i(P_i)} \quad (i = 1,2) \tag{5-6}$$

由方程(5-5) 和式(5-6) 可得

$$\alpha = \frac{(V_L/P_L)_i}{(V_L/P_L)_j} \tag{5-7}$$

由于分离因子 α 可由等温条件下 CH_4/CO_2 单组分气体的 Langmuir 吸附常数确定，即 α 是一个常数，因此，如果能够得到游离相中 CH_4 的摩尔分数，吸附 CH_4 的摩尔分数就可以确定。在这种情况下，两种吸附气体的摩尔分数的比值与混合气体吸附量的绝对大小和总压力无关。

5.5.2　CH_4/CO_2 混合气吸附解吸过程中吸附相的分离

在煤粉对 $80\% CH_4 + 20\% CO_2$ 二元混合气体的吸附解吸试验过程中，在每个平衡压力点上，测取混合气游离相气体成分，根据式(5-7)，利用分离因子 α 即可求取吸附相中各组分的摩尔分数，进而研究吸附相中 CH_4/CO_2 组分变化，对吸附量进行分离，计算出各组分的吸附量。

$80\% CH_4 + 20\% CO_2$ 混合气体吸附过程中组分分离规律如图 5.42 和图 5.43 所示。计算结果表明，在吸附试验的初期，由于游离相中 CH_4 的分压远大于 CO_2 的分压，抵消了 CH_4 吸附能力弱的不足，甚至出现 CH_4 吸附速率超过 CO_2 吸附速率的情形，造成 CH_4 在吸附相中浓度相对略有上升，而 CO_2 在吸附相中的浓度略有降低，随着压力的升高，CO_2 逐渐在竞争吸附中占据优势，吸附速率逐渐超过 CH_4，在吸附相中 CO_2 浓度逐渐增加，而 CH_4 浓度逐渐减少。

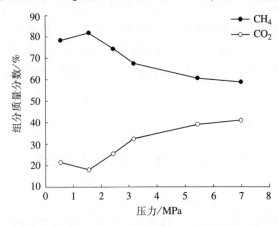

图 5.42　煤对 $80\% CH_4 + 20\% CO_2$ 吸附过程中吸附相组分浓度变化规律

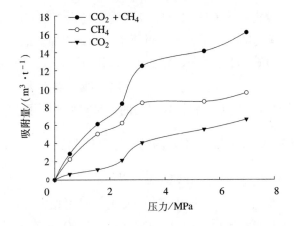

图 5.43 煤对 80%CH$_4$ +20% CO$_2$吸附过程中组分吸附量变化规律

5.5.3 CH$_4$/CO$_2$混合气相分离

利用 CH$_4$和 CO$_2$二元混合气体在吸附试验过程中吸附相组分摩尔分数对于游离相组分摩尔分数作图，得到 CH$_4$和 CO$_2$的相分离图（图 5.44）。该图反映了吸附相组分浓度随着游离相组分浓度的变化情况，在吸附和解吸过程中，CH$_4$和 CO$_2$组分在游离相和吸附相之间的变化趋势一致。

从图 5.44 中可以看出，当 CH$_4$组分在游离相中的浓度较小时，随着其浓度的增加，它在吸附相中的浓度增加较慢，但当 CH$_4$组分在游离相中的浓度较大时，随着其浓度的继续增加，它在吸附相中浓度的增加速率加快。而对于 CO$_2$组分来说，当它在游离相中的浓度较小时，随着其浓度的增加，它在吸附相中的浓度增加较快，当 CO$_2$组分在游离相中的浓度较大时，随着其浓度的继续增加，它在吸附相中浓度的增加速率反而降低。因此证明 CO$_2$组分在与 CH$_4$组分的竞争吸附中占有优势，优先被吸附，所以开始时 CO$_2$组分吸附速率相对较快，而 CH$_4$组

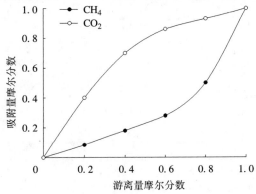

图 5.44 煤对 CH$_4$和 CO$_2$吸附过程中 CH$_4$/ CO$_2$的相分离

分的吸附速率相对较慢。当 CO_2 组分的吸附优先趋近于饱和时,其吸附速率降低,此时吸附能力较弱的 CH_4 组分的吸附速率才开始增加。也就是说,在 CH_4 和 CO_2 二元气体的竞争吸附过程中,CO_2 组分的吸附速率是先快后慢,而 CH_4 组分的吸附速率是先慢后快。一般情况下,相分离曲线分离度大的,即 CO_2 相对于 CH_4 的分离因子大的煤,用 CO_2 置换煤层气的效果较分离因子小的煤要好。

5.5.4　煤层注入 CO_2 置换 CH_4 吸附相的分离

图 5.45 和图 5.46 分别为利用 CO_2 注入煤层驱替 CH_4 进行时,解吸过程中各组分的吸附相浓度变化情况。由图中可知,CH_4 在吸附相中含量逐渐减少而 CO_2 在吸附相中含量逐渐相对增加,这说明 CO_2 已经对 CH_4 起到了明显的置换作用,虽然注入的气体量不大,但是却产生了明显的置换效果,主要是因为置换气体为单组分 CO_2 气体,同样说明 CO_2 对 CH_4 的置换能力很强。

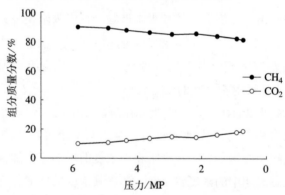

图 5.45　CO_2 置换煤层 CH_4 过程中吸附相组分浓度变化规律

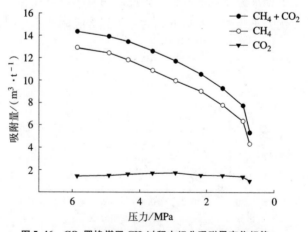

图 5.46　CO_2 置换煤层 CH_4 过程中组分吸附量变化规律

6 煤层注 CO_2 驱替 CH_4 数学模型及数值求解

　　井下注气驱替技术最早是为了提高石油的抽采率而提出的一种工业手段。世界上最早的注气驱油试验是于 1963 年罗马尼亚的 Boldesti 油田开展的[175]，而对煤层注气提高采收率的试验是于 20 世纪 80 年代初在美国的圣胡安盆地取得成功，形成了较为成熟的煤层注气提高 CH_4 采收率技术（CO_2-ECBM），之后在加拿大、波兰和日本等国家被广泛推广使用[176-177]。我国对于 CO_2-ECBM 技术的研究和应用正处于初始阶段，已经在山西、陕西等地开展了相应的试验研究[178]。

　　目前，国内外对于煤层注气驱替 CH_4 技术普遍采用对地面井注气进行研究，而对于残留煤层注气驱替 CH_4 的试验研究还很少。这主要由于 CO_2-ECBM 的应用对于残留煤层与地面井在应用环境、驱替方式及技术工艺等问题上存在一定的差异。为了避免工程试验中存在的成本和安全等问题，目前普遍采用数值模拟的方法进行残留煤层 CO_2-ECBM 的研究。

　　数值模拟的方法其实质是首先对工程中的物理过程进行正确的描述，建立精确的数学模型和边界条件，通过数值计算后得到的图像，描述特定的某一工程现象，达到分析工程问题的研究目的，主要步骤如下。[179]

　　（1）建立模型：建立反映残留煤层注入 CO_2 后的 CH_4/CO_2 混合气体吸附解吸过程工程本质的数学模型、反映煤层孔隙状态和应力状态的数学模型，其实质就是建立反映驱替过程中各物理量之间关系的微分方程和相应的定解条件，选定合适的数学模型是最终数值模拟结果精确性的关键。

　　（2）计算方法：寻求一种高效和高精度的计算方法对建立的模型进行求解计算。目前常用的方法包括迭代法、差分法、插值法、有限元素法等，计算方法不仅包括偏微分方程的求解方法，还包括初始条件和边界条件的设定等问题。

　　（3）编程计算：建立完模型和确定了计算方法之后，进行编程计算，编程计算是整个数值模拟过程的主要环节。如果需要求解的是一个复杂的工程问题，数值求解方法在理论上不够完善，就需要通过试验进行验证，保证最终求解结果与工程实际相符合。

（4）模拟结果：完成计算工作后，大量数据会通过图像的形式直观地表示出来，便于后期的工程分析。

因此，本章在对残留煤层注入 CO_2 驱替 CH_4 的理论分析和试验研究的基础上，采用多物理场有限元分析软件，依据上述主要模拟步骤开展残留煤层注气驱替 CH_4 的数值模拟研究，为 CO_2-ECBM 技术在残留煤层中的工程应用提供理论基础和技术指导。

6.1　煤层气抽采方式

随着我国近几十年对于煤层瓦斯抽采技术研究的发展，总结出了几种提高瓦斯抽采率的方法，但由于受到矿区条件、储层地质条件和抽采技术使用条件等限制，很难形成大规模的开采，因此最终的抽采结果一直不是十分理想，所以如何提高残留煤层 CH_4 采收率仍是大部分煤矿急需解决的问题。目前在我国广泛使用的瓦斯抽采方式主要有以下几种。

（1）密集钻孔抽放瓦斯

密集钻孔抽放瓦斯是通过减小钻孔之间的间距，提高煤层 CH_4 采收率的方法。具体技术为[180-181]：通过加大钻孔的直径，进而缩小钻孔之间的间距，通过降低抽放负压的方法来提高煤层 CH_4 的采收率。根据煤层钻孔内部瓦斯渗流理论，可得钻孔的总瓦斯流量为[182]

$$Q = \pi m \lambda^{0.9} p_0^{1.85} R_1^{0.2} \alpha^{0.1} t^{-0.1} \tag{6-1}$$

式中：Q 为瓦斯总流量；m 为煤层的厚度；λ 为煤层透气系数；P_0 为煤层瓦斯压力；R_1 为钻孔半径；α 为煤层瓦斯含量系数；t 为煤层瓦斯抽放时间。

（2）超短半径水平井

超短半径水平井是一种曲率半径远小于常规水平井短曲率半径的水平井，也称为超短半径径向水平井。超短半径水平钻井是通过在垂直井内的煤层中打水平孔的方法进行煤层 CH_4 的开采[183-192]，主要具备以下几个优点：① 煤层割理与井眼方位相互垂直，最大程度地减小了煤层气在孔裂隙的流动距离；② 钻孔与煤层瓦斯的接触面增大，单位时间流入钻孔的瓦斯量增加；③钻孔形成后，导致煤层裂纹增加，瓦斯的涌出量必然随之增加；④超短半径水平井工艺简单，瓦斯抽采率高，工程成本小。

（3）水压致裂煤层抽放瓦斯

水压致裂的方法是将大量混入石英砂等物质的高压液体通过钻孔注入到地

下，使得地下围岩在高压液体的注入下形成裂缝，进而提高储层的渗透性。但由于受地质条件的限制，这种方法很难被广泛推广。

（4）定向羽状水平井

定向羽状水平井是指在一个井沿对称方向布置一组水平井眼，在每个水平井通道的两侧再钻出多个井眼作为渗流通道[193-196]，它是在分支井和常规水平井基础上开发出来的技术，如图 6.1 和图 6.2 所示[197]。其工作原理是将煤层中的水平井相互连通，即连通煤层之间的裂隙和割理，最大限度地达到增产的目的。

图 6.1　煤层气定向羽状水平井布井方式

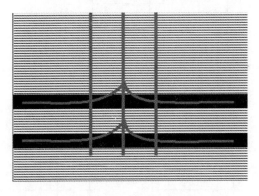

图 6.2　煤层气定向羽状水平井布井正视图

6.2　残留煤层注入 CO_2 驱替 CH_4 的数值模拟

6.2.1　基本假设

在流体力学的理论和发展过程中，完全由守恒定律并能定量化得出的结论和所能解释的现象非常有限，人们常在大量科学试验和观察的基础上提出一些假设，并由此推出一系列结论，解释各种的现象。所做的假设一般都有一定的依据，但并不一定可靠，需要将由它导出的结论和试验结果进行比较来检验其是否可靠，若结论同试验结果不一致，就要修改假设，使之更完善。在这一发展过程中，从基本守恒原理和经验性的假设到得出各种结论所进行的推理过程必须是严格的和合乎逻辑的，否则所得出的结论正确与否不能说明初始假设的正确性，也起不到检验理论的作用。

煤层注 CO_2 驱替 CH_4 的研究是个复杂的问题，涉及流体力学、多孔介质理论和连续介质力学和数值理论等诸学科渗透与交叉，因此本书引入以下主要假设：

（1）认为气体在煤层中的吸附解吸是等温过程，符合广义 Langmuir 等温吸附方程；

（2）煤层注入 CO_2 气体后内部只存在 CH_4/CO_2 两种混合气体；

（3）煤层内部的气体为理想气体，适用于理想气体状态方程；

（4）煤层是由基质微孔系统和割理、裂隙宏观系统组成的单渗透双孔隙介质结构，采用连续介质力学方法对模型进行处理，如双重介质计算模型如图 6.3 所示。

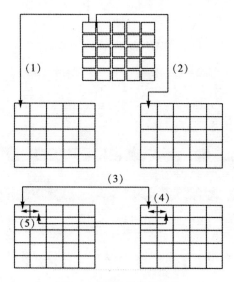

图 6.3　双重介质计算模型

（1）—基质系统均匀化；（2）—裂隙系统均匀化；（3）—基质裂隙系统流体交换；

（4）—裂隙系统相邻单元间流体交换；（5）—基质系统相邻单元间流体交换

6.2.2　煤储层双重介质结构

多孔介质是指含有大量空隙的固体，其中固相部分称为固体骨架，而未被固相占据的部分空间称为孔隙。常规油气层属于多孔介质，从渗流力学观点出发，可分为单孔隙介质、双重孔隙介质和三重孔隙介质。双重介质渗流模型是由 Barenblatt 首次提出来的，他把岩体看作由孔隙和裂隙组成的双重介质空隙结构，孔隙介质和裂隙介质均布在渗流区域内，形成连续介质系统。这里的连续介质可以是均质各向同性或非均质各向同性的孔隙介质，也可以是由密集裂隙构成的具有非均质各向异性渗流特点的裂隙网络介质。

双重孔隙介质是由含有孔隙空间的岩块和分割岩块的裂隙空间组合而成的，岩块称为基质块。基质块的孔隙度较大，但渗透率较小，是主要的油气储集空间；相反，裂隙的孔隙度很小，但渗透率很大，是主要的油气渗流通道。比较典型的双重孔隙介质模型有 Warren-Root 模型、Kazemi 模型和 De swaan 模型。

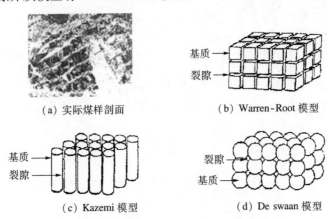

(a) 实际煤样剖面　　　　　　(b) Warren-Root 模型

(c) Kazemi 模型　　　　　　(d) De swaan 模型

图 6.4　实际煤层结构与双重孔隙结构模型

6.2.3　连续介质场

多孔介质结构的复杂性表明，要用确切的方式来描述多孔介质内部固体表面的几何形状是办不到的。同样，试图用确切方法描述孔隙空间包含的流体与多孔介质联系起来所发生的各种微观物理现象也是很困难的。因此，在渗流力学研究中需要提出一种方法来解决上述困难，其中，用连续介质理论来研究流体和多孔介质是渗流力学一种最基本的方法。

（1）连续流体

流体是由大量分子所组成的集合体，且处于不停的运动之中，不以个别分子当作对象，而是以很多分子组成的"系统"作为研究对象，对流体的每一个分析结果和试验结果，都是以统计学的形式表现出来，用这个方法确定连续测量的平均值，而不是确切推算出每一个分子的结果，这就是统计力学的方法。统计力学是一种分析科学，用这种方法得到的是很大数目分子运动的统计性质，通过这种对大量分子统计性质的研究，又反过来控制个别分子运动的规律。

将流体处理成连续的介质，就是将流体中的质点看成是在一个很小体积中包含着很多分子的集合体。质点的大小既要比单个分子的自由路程大得多，但又要充分小，它要比所研究的流体区域小得多。质点的流体和流动性质是分子平均起来的统计值。在流体占据的整个区域内的任何点上，都具有一定动力学性质和能量性质的质点。

当涉及质点大小和单元体积问题时，必须将它考虑成一个物理点，在点内流体是连续的，并且这个点要用流体的相对密度来定义。

密度是一部分物质的质量 ΔM 与它占有的体积 ΔV 的比值，在流体中取任何一点 P，令 ΔM_i 为 ΔV_i 体积中流体的质量。对于 ΔV_i 来说，P 是一个质量中心。流体在 ΔV_i 中的平均密度 $\rho_i = \dfrac{\Delta M_i}{\Delta V_i}$，若 ΔV_i 很大，这样得到的密度是很大体积密度的平均值，对于定义 P 点邻近的密度来说是没有意义的。因此，必须在 P 点周围减小 ΔV_i 的值。令 $\Delta V_1 > \Delta V_2 > \Delta V_3$，计算结果如图 6.5 所示。

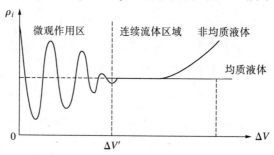

图 6.5　连续流体定义示意图

假如流体是非均质的，将体积从一个充分大的 ΔV_i 开始逐渐变小。可以观察到 ρ_i 是围绕着 $\rho_i = \rho_i(\Delta V_i)$ 变化的，但变化越来越小，然后 ΔV_i 在 P 点上收敛，在一定范围内 ρ_i 不再随 ΔV_i 变化，若 ΔV_i 再变小，当它的范围达到低于一定的体积 ΔV^* 时，以致任何促使 ΔV_i 的减少都会对 $\rho_i = \dfrac{\Delta M_i}{\Delta V_i}$ 的比值产生显著的影响，以上的现象是发生在 ΔV_i 的特征长度尺寸等于分子间平均距离（即分子自由路程时），如果 $\Delta V_i \rightarrow 0$，$\dfrac{\Delta M_i}{\Delta V_i}$ 的比值有很大波动，这种情况下对 ρ_i 的定义是没有意义的。因此，若对 P 点给出流体密度的定义为

$$\rho(p) = \lim_{\Delta V_i \rightarrow \Delta V^*} \rho_i = \lim_{\Delta V_i \rightarrow \Delta V^*} \frac{\Delta M_i}{\Delta V_i} \tag{6-2}$$

这个特征体积 ΔV^* 称为特征体元，它也是 P 上流体的质点。体积 ΔV^* 可以看作在 P 点上质点的体积，用这样的点组成的流体称为连续流体。

除了流体的密度性质外，还有其他的各种物理性质，或其他物理现象，如黏度等性质，以及扩散、传质、热量和能量的交换等物理现象，其本质都是分子不停运动的结果，同样，不能以个别分子的传递现象作为研究对象，而是用连续方法将其看作连续流体产生的各种物理现象。

只把流体看成连续介质，还不能解决渗流力学研究方法的困难，因为渗流是指流体在多孔介质中的流动，而多孔介质具有复杂的结构和孔隙几何形状极不规则的特性。因此，能否将连续流体力学一般理论简单推广到渗流中来，例如，能否用 N-S 方程来确定满足一定边界条件下孔隙空间的速度分布问题，这只有在极个别的情况下，把介质看成是直的毛管时才可以。

这就说明，要研究复杂多孔介质中的流动问题，除把流体看成连续介质外，还必须将多孔介质也看成是连续的。因此，还要用连续方法来研究多孔介质。

（2）连续多孔介质

连续介质的概念是在质点上的典型体积上表现出的平均性质，因此，描述连续多孔介质的任务也就是围绕如何定义多孔介质中一点 P 的典型单元体积的尺寸，这个体积必须比整个研究区域小得多；另一方面，又必须比单个孔隙体积大。这样典型单元体积必须包含一定数量的孔隙以符合连续系统中平均数的要求，当介质是非均质时，多孔介质在空间的孔隙度是变化的，考虑多孔介质中任意一点 $P(x, y, z)$，围绕该点取一个包含足够多孔隙的体元 ΔV_i，ΔV_i 内空隙的容积为 $(\Delta V_p)_i$，点 P 是孔隙空间的形心，定义体元 ΔV_i 中平均孔隙度 n_i 为

$$n_i = \frac{(\Delta V_p)_i}{\Delta V_i} \tag{6-3}$$

考虑到运动过程中多孔介质可能发生变形，可在某一确定时刻 t，围绕点 P 取一系列体元，并且这些体元逐渐缩小，即 $\Delta V_1 > \Delta V_2 > \Delta V_3 \cdots\cdots$，则有 $(\Delta V_P)_1 > (\Delta V_P)_2 > (\Delta V_P)_3 \cdots\cdots$，这样就得到了一系列的平均孔隙度 n_1、n_2、$n_3 \cdots\cdots$，在 n_i-ΔV_i 的坐标图中把这些点连接起来，可得到类似于图 6.5 中的一条曲线。

如果让体元 ΔV_i 从足够大的值开始缩小，可以发现：对于均质材料，孔隙度在体元 ΔV_i 与某个 ΔV^* 之间是水平直线段，即一个常值；对于非均质材料，在 ΔV_i 和 ΔV^* 之间的线段偏离上述水平线段，由于点 P 领域内孔隙大小是随机变化的，所以，这种偏离不大。如果让体元 ΔV_i 继续缩小，小于 ΔV^* 以后，由于它所包含的孔隙个数较少，ΔV_i 的缩小将引起 n_i 的波动，并且这种波动的幅值将越来

越大。最后让 ΔV_i 趋于零，即收缩为一个几何点 P，则有两种可能：如果该点位于孔隙空间内，则 n_i 变为 1；如果该点位于固体颗粒上，则 n_i 变为 0。显然，对于 $\Delta V_i \ll \Delta V^*$ 的情形，所给出的 n_i 值是没有实在意义的。

定义点 P 处的孔隙度为当 ΔV_i 趋于 ΔV^* 时的 $\dfrac{(\Delta V_p)_i}{\Delta V_i}$ 极限值，即

$$n(p) = \lim_{\Delta V_i \to \Delta V^*} \frac{(\Delta V_p)_i}{\Delta V_i} \tag{6-4}$$

把整个介质看作连续介质，实际上是指孔隙度是平滑变化的。

6.2.4　数学模型

（1）气体的扩散方程

解吸的气体在煤层中的运动符合菲克扩散定律，因此 CH_4 和 CO_2 扩散过程中遵循质量守恒方程：

$$\frac{\partial c_i}{\partial t} + \nabla \cdot (-D_i \nabla c_i) = -Q_i \quad (i = 1, 2) \tag{6-5}$$

式中：i 为代表气体组分，$i=1$ 为 CH_4，$i=2$ 为 CO_2；c_i 为各组分 i 的气体浓度，kg/m^3；D_i 为各组分 i 的气体扩散系数，m^2/s，Q_i 为源汇项。

（2）气体在裂隙中的渗流方程

气体在煤体内部裂隙中的渗流过程的质量守恒方程为

$$\frac{\partial m_i}{\partial t} + \nabla \cdot (\rho_i q) = Q_i \quad (i = 1, 2) \tag{6-6}$$

式中：q 为气体总的渗流速度，m/s；ρ_i 为气体组分 i 的密度，kg/m^3；m_i 为游离态气体组分 i 的体积质量，kg/m^3，可计算为

$$m_i = \phi \rho_i \tag{6-7}$$

式中：ϕ 为煤内部的孔隙率。

（3）多元混合气体的吸附方程

假想平衡压力 p_i 下，多元混合气吸附态组分的含量可由广义 Langmuir 方程表示为

$$c_{pi} = \rho_i \rho_c \frac{a_i b_i p_i}{1 + b_1 p_1 + b_2 p_2} \tag{6-8}$$

式中：p_1、p_2 分别为气体组分 1、2 的平衡分压力；ρ_i 为标准条件下的气体组分 i 的密度，kg/m^3；ρ_c 煤的密度，kg/m^3；a_i 为气体组分 i 在煤层中吸附时的最大吸附量，m^3/kg，根据第 4 章中 CH_4 的非等温吸附试验 Langmuir 拟合结果可以得

出，$a_1 = 0.00197T^2 - 12.564T + 2012.5$；$b_i$ 为气体组分 i 的吸附平衡常数，MPa^{-1}，$b_1 = -0.0005T^2 + 0.3T - 47.36$。

由式(6-8)可以看出，单组分气体吸附平衡时的压力与其在混合气体中吸附平衡时的分压相等时，前者的吸附量大于后者。所以，当煤层中的 CH_4 处于吸附平衡状态时，向煤层中注入 CO_2 气体，注入的气体要扩散到煤微孔隙中，CH_4 原来的吸附平衡状态被 CO_2 在基质表面与 CH_4 之间发生的竞争吸附和置换所打破，部分吸附态的 CH_4 被置换出来，游离态的 CH_4 浓度相对增加，导致扩散速率增大，从而提高 CH_4 的流动速率。

（4）质量交换方程

煤体内部基质表面上吸附的气体与孔隙裂隙中游离的气体之间进行质量交换，定义为

$$Q_i = (c_i - c_{pi})\tau \qquad (6-9)$$

式中：Q_i 为源汇项，kg/(m$^3 \cdot$s)；τ 为解吸扩散系数，可由试验确定。

（5）气体状态方程

由于煤层注气的压力较小，所以不考虑气体的压缩系数，因此可得气体的状态方程为

$$\rho_i = \frac{M_i}{R_i T} p \qquad (6-10)$$

式中：M_i 为气体组分 i 的摩尔质量，kg/kmol；R_i 为气体常数，kJ/(kmol $\cdot$ K)；T 为气体热力学温度，K。

由式(6-10)可得标准条件下的气体状态方程：

$$\rho_i = \frac{M_i p_a}{R_i T_a} \qquad (6-11)$$

式中：p_a 和 T_a 为标准条件下的瓦斯压力与温度，分别取值为 $p_a = 0.1$ MPa，$T_a = 273$ K。

（6）气体渗流速度方程

根据第四章的结论，气体在煤体中的渗流都为非达西渗流，因此渗流速度 q 可表达为

$$q = Ae^{B\nabla p} \qquad (6-12)$$

式中：A、B 为不同温度条件下不同种类气体在煤体内渗流的拟合系数，均为大于零的常数；p 为总压力，$p = p_1 + p_2$。

（7）交叉耦合方程

将式(6-5)至式(6-11)代入式(6-12)，可以得到

$$\left.\begin{array}{l} \dfrac{\phi \cdot M_1}{R_1 T} \dfrac{\partial p_1}{\partial t} + \nabla \cdot \left(\dfrac{M_1 p_1}{R_1 T} A_1 e^{B_1 \nabla p} \right) = Q_1 \\[4mm] \dfrac{\phi \cdot M_2}{R_2 T} \dfrac{\partial p_2}{\partial t} + \nabla \cdot \left(\dfrac{M_2 p_2}{R_2 T} A_2 e^{B_2 \nabla p} \right) = Q_2 \end{array}\right\} \tag{6-13}$$

（8）热传导方程

煤层的环境温度会影响气体的扩散、渗流、吸附和解吸过程，因此气体的热传导方程为

$$p_1 C_{p1} \dfrac{\partial T}{\partial T} + \nabla \cdot (- k \nabla T) = Q \tag{6-14}$$

式中：C_{p1} 为 CH_4 的定压比热容，J/（kg·K），k 为气体热传导系数，W/（m·K）；p_1 为 CH_4 气体密度，kg/m³。

方程（6-5）、方程（6-13）和方程（6-14）共同构成不同温度条件下，多组分气体在孔隙和裂隙系统中扩散、渗流的连续性方程。

6.3　不可采煤层注入 CO_2 驱替 CH_4 的数值模拟

（1）模拟条件

某矿一埋深 650 m，煤层厚度为 0.8 m 的不可采薄煤层，模拟主要参数见表 6.1。

表 6.1　　　　　　　　　　 CO_2 置换煤层 CH_4 模拟主要参数

煤层厚度 /m	储层压力 /MPa	孔隙度 /%	临界解吸压力 /MPa	原煤平均含气量/ (m³·t⁻¹)	吸附时间 /d	兰氏体积 / (m³·t⁻¹)	渗透率 /mD	兰氏压力 /MPa
0.80	6.75	4.7%	6.0	9.83	6.56	18.81	0.469	6.74

井距定为 200～300 m，井筒直径为 110 mm，生产井的井底压力 0.5 MPa，模拟范围选取 800 m × 800 m，布置两口井，即一个注气井（I1），1 个生产井（P1），如图 6.6 所示。模拟计算时间为 1 年，模拟计算初期没有进行注气，只有 1 个生产井 P1 抽采 CH_4，井间距为 250 m，在抽采到 30 d 后，开始向井 I1 注气。

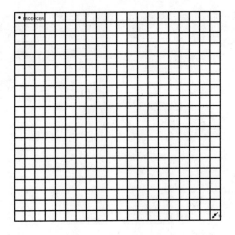

图 6.6 模拟网格平面

（2）煤层注入 CO_2 驱替 CH_4 的模拟结果分析

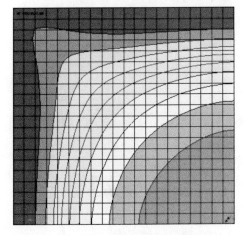

图 6.7 井间距 250 m 注 CO_2 160 d 时
裂隙中 CO_2 摩尔浓度分布

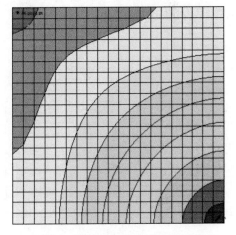

图 6.8 井间距 250 m 注 CO_2 160 d 时
基质中 CH_4 摩尔浓度分布

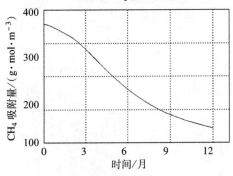

图 6.9 井间距 250 m，$i=12$，$j=12$ 网格块
CH_4 吸附量时间变化规律

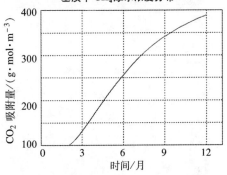

图 6.10 井间距 250 m，$i=12$，$j=12$ 网格块
CO_2 吸附量时间变化规律

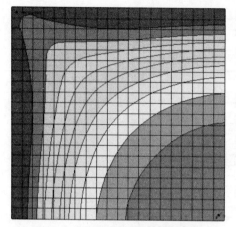

图 6.11　井间距 250 m 注 CO_2 180 d 时
裂隙中 CO_2 摩尔浓度分布

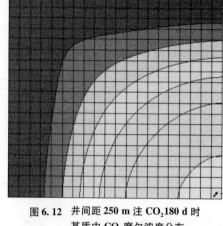

图 6.12　井间距 250 m 注 CO_2 180 d 时
基质中 CO_2 摩尔浓度分布

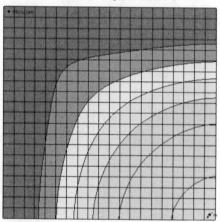

图 6.13　井间距 250 m 注 CO_2 180 d 时
基质中 CH_4 摩尔浓度分布

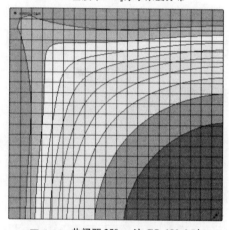

图 6.14　井间距 250 m 注 CO_2 180 d 时
裂隙中 CH_4 摩尔浓度分布

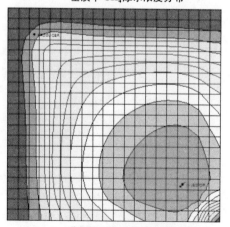

图 6.15　井间距 150 m 注 CO_2 180 d 时
裂隙中 CO_2 摩尔浓度分布

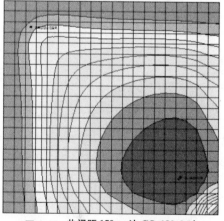

图 6.16　井间距 150 m 注 CO_2 180 d 时
裂隙中 CH_4 摩尔浓度分布

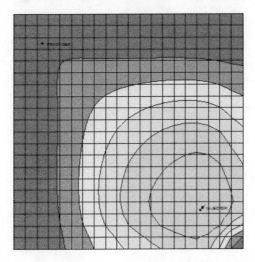

图 6.17   井间距 150 m 注 CO_2 180 d 时基质中 CH_4 摩尔浓度分布

图 6.7 和图 6.8 的模拟结果表明，CO_2 注入区域煤层基质中 CO_2 摩尔浓度增大，而该区域 CH_4 的摩尔浓度相对降低，即 CO_2 被煤层吸附，大量的 CH_4 的被置换出来。通过监测 $i = 12$ 和 $j = 12$ 网格块 CH_4 和 CO_2 吸附量随时间的变化曲线（如图 6.9 和图 6.10），同样可以观察到 CO_2 注入后煤层对 CO_2 的吸附量明显增加，而 CH_4 的吸附量降低。这是由于注入的 CO_2 不但减少了煤层 CH_4 的分压，加速了煤层 CH_4 的解吸，而且 CO_2 在与 CH_4 的竞争吸附过程中占优势，置换出煤层 CH_4 分子，从而提高了煤层气产量，与室内试验结果一致。

从图 6.11 至图 6.17 可以看出，在不同井间距和不同注气时间条件下，注气过程中裂隙中的 CO_2 影响范围比煤基质中 CO_2 吸附置换影响范围大，产气过程中裂隙中的 CH_4 影响范围比煤基质中 CH_4 吸附影响范围大。因此，为提高 CO_2 置换煤层 CH_4 的效率，采用间断式注气。首先进行一段时间气体注入，再关井一段时间，然后排采，排采一段时间后再进行注气，循环进行。关井一段时间的目的，是为了让注入的 CO_2 气体充分进入煤层，与 CH_4 进行相互作用，有利于将煤层 CH_4 置换出来。

从图 6.18 和图 6.19 可以看出，模拟初期井间距 250 m CO_2 注入率和 CH_4 累计产气量要小于 150 m CO_2 注入率和 CH_4 累计产气量，由此可得出 150 m 的井间距布置更为合理。井间距的大小和布置取决于煤层的物理属性和煤层 CH_4 的开采规模，对煤层 CH_4 的回收率有直接的影响。模拟结果表明，井间距对煤层 CH_4 产量和煤层压力的影响，主要取决于煤层对气体的渗透率。如果煤层对气体的渗透率较高，在抽采的初始阶段会出现井群干扰的现象，增加了储层压降漏斗的影响

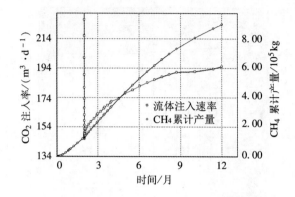

图 6.18   井间距 250m CO_2 注入率和 CH_4 累计产气率时程变化规律

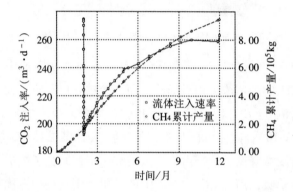

图 6.19   井间距 150m CO_2 注入率和 CH_4 累计产气率时程变化

范围，井间距较小的 CH_4 抽采量会大于井间距较大的抽采量；对于渗透率较低的煤层，抽采初期 CH_4 的抽采量受井间距布置的影响较小，抽采进行一段时间后，出现了井群干扰现象，较小井群间距抽采量大于较大井群间距的抽采量。

6.4   残留煤柱抽采 CH_4 的数值模拟

某矿一宽为 15 m、长 30 m 的残留煤柱，抽采其内部残留的 CH_4 气体。为了方便模拟煤层 CH_4 抽采的过程，把实际抽采过程中的三维空间简化为二维问题，并取出煤柱剖面中心部分为研究对象，如图 6.20 所示。其中 2、4 为注气孔，1、3、5 为排气孔，孔半径为 0.05 m，注气孔与排气孔间距为 5 m。煤柱内游离瓦斯初始浓度为 0.4×10^{-3} m^3/g，初始压力为 0.5 MPa。采用抽采和注气抽采两种方式，抽采压力为 0.5 MPa，注气压力为 1 MPa。模型边界假设没有气体的流入和流出，煤柱地温变化范围为 20 ~ 50 ℃。

表 6.2 煤与瓦斯的物理参数

参数名称	表示符号	数值
煤的密度/（kg·m^{-3}）	ρ_c	1.38×10^3
煤的渗透率/ m^2	k	2.60×10^{-16}
煤的孔隙度	Φ	0.04
CH_4标况密度/（kg·m^{-3}）	ρ_{1a}	0.72
CH_4的动力黏度/（Pa·s）	u_1	1.03×10^{-5}
CH_4的 Langmuir 常数/（m^3·kg^{-1}）	a_1	0.04
CH_4的 Langmuir 常数/MPa^{-1}	b_1	0.51
CO_2标况密度/（kg·m^{-3}）	ρ_{2a}	1.98
CO_2的动力黏度/（Pa·s）	u_2	1.38×10^{-5}
CO_2的 Langmuir 常数/（m^3·kg^{-1}）	a_2	0.06
CO_2的 Langmuir 常数/MPa^{-1}	b_2	1.92
标准大气压强/ MPa	p_a	0.10

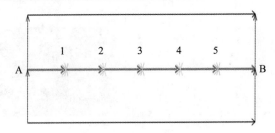

图 6.20 煤层注气数值模拟模型

（1）CH_4抽采模拟结果

排放孔钻成后，由于煤层内部瓦斯与井口之间存在压力梯度，导致煤层 CH_4 向排放孔逸散。随着时间的增长，煤层内瓦斯浓度逐渐降低，解吸速率变慢，直到最终压力梯度为零，CH_4抽放量逐渐趋于某一固定值为止。

① 不同地温条件下煤柱剖面 CH_4 含量变化

图 6.21 至图 6.24 为不同温度条件下，抽采状态下煤柱剖面中心位置 CH_4 浓度随时间变化云图。从图中可以看出，CH_4 浓度随着时间的增加而逐渐减小。在刚开始抽放时，CH_4 浓度下降梯度较大，这主要由于初始时刻井内 CH_4 压力和浓度较大，因此在浓度梯度和压力梯度的作用下，CH_4 扩散运动的速率较大，所以导致浓度下降较快；随着时间的推移，井内 CH_4 的压力和浓度逐渐减小，导致扩散运动速率变小，CH_4 抽放速度降低，最终趋于某一固定值。在同一抽采时间内，煤柱内部不同地温区域，随着温度的升高 CH_4 浓度逐渐减小，表明煤层温度对气体解吸具有一定影响，温度越高，CH_4 越容易解吸，越有利于抽采。

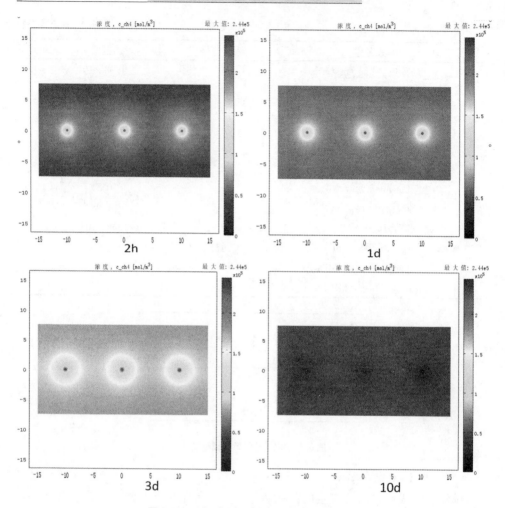

图 6.21 20 ℃时 CH₄浓度随时间变化模拟结果

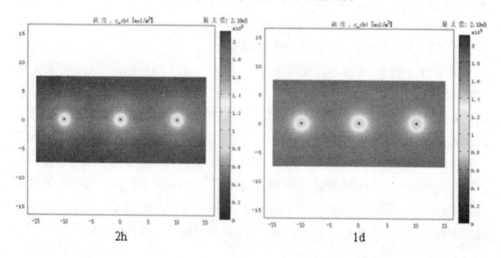

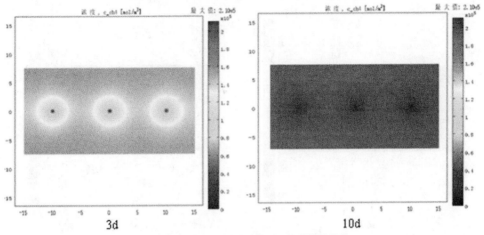

图 6.22   30 ℃时 CH_4 浓度随时间变化模拟结果

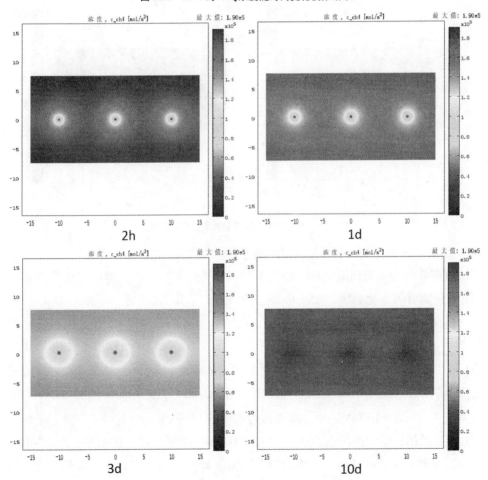

图 6.23   40 ℃时 CH_4 浓度随时间变化模拟结果

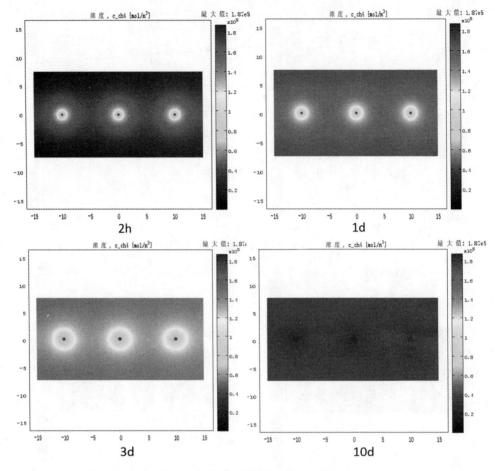

图 6.24　50 ℃时 CH_4 浓度随时间变化模拟结果

② 煤柱纵剖面 CH_4 含量随时间变化数据

以煤柱纵剖面为研究目标，研究不同温度条件下，抽放过程中煤柱纵剖面上 CH_4 含量随时间变化曲线，如图 6.25 至图 6.28 所示。

从图 6.25 至图 6.28 中可以看出，在同一温度条件下以 20 ℃为例，在抽采 2h 时孔底 CH_4 浓度为 2.236×10^4 mol/m^3，降为初始浓度的 55.9%；抽采 1 d 时 CH_4 浓度变为 1.986×10^4 mol/m^3，降为初始浓度的 49.65%；抽采 3 d 时 CH_4 浓度变为 1.617×10^4 mol/m^3，降为初始浓度的 40.43%；最终抽采到 10 d 时，CH_4 浓度变为 0.638×10^4 mol/m^3，降为初始浓度的 15.95%。由此可见，抽采条件下 CH_4 浓度随排放时间增加迅速下降，在初始 3 d 内浓度下降梯度明显；在 3 ~ 10 d 之间，虽然 CH_4 浓度也有所下降，但下降幅度较小，因此可得 3 d 为 CH_4 抽采的最佳抽放时间。

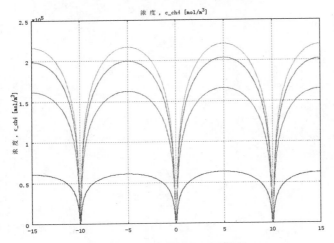

图 6.25　20 ℃时 CH$_4$浓度变化规律

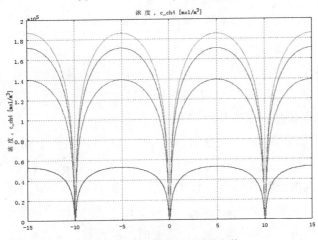

图 6.26　30 ℃时 CH$_4$浓度变化规律

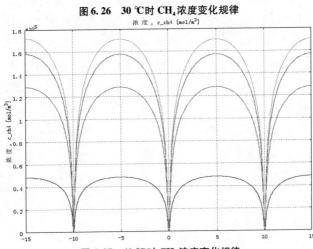

图 6.27　40 ℃时 CH$_4$浓度变化规律

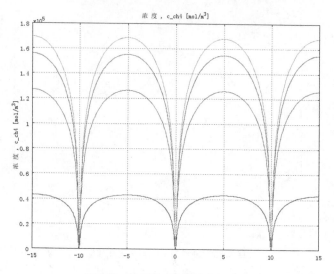

图 6.28   50 ℃时 CH_4 浓度变化规律

（2）注入 CO_2 抽采模拟结果

在 2、4 钻孔注入 CO_2 气体，待 CO_2 气体在井下吸附 24 h 后，采用边注入边抽采的方式对井下 CH_4 气体进行收集，同样时间周期为 10 d。

① 不同地温条件下煤柱剖面 CH_4 含量变化

图 6.29 至图 6.32 为不同地温条件下，CO_2 注入状态下煤柱剖面中心位置 CH_4 含量随时间变化云图。从图中可以看出，随着 CO_2 的注入，CH_4 含量随着时间的增加而逐渐减小，并逐渐趋于平缓。在刚开始注入时，井底 CH_4 浓度下降梯度较大，这主要由于初始时刻井内 CH_4 压力和浓度较大，因此在浓度梯度和压力梯度的作用下，浓度下降较快；随着时间的推移，注入的 CO_2 逐渐被吸附，驱替出一部分煤层中的 CH_4，井内 CH_4 的压力和浓度逐渐趋于平缓，导致扩散运动和 CH_4 抽放速度速率趋于稳定，最终趋于某一固定值。在同一抽采时间内，随着温度的升高 CH_4 浓度逐渐减小，虽然煤层注入了一部分 CO_2，但 CO_2 的吸附量也与温度有关，同样得出温度越高，CH_4 越容易解吸。

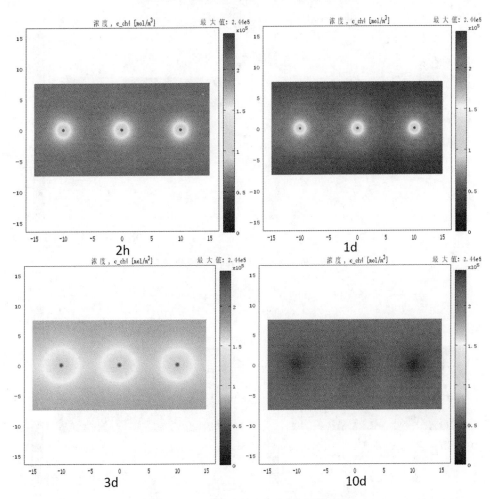

图 6.29　20 ℃时 CH₄浓度随时间变化模拟结果

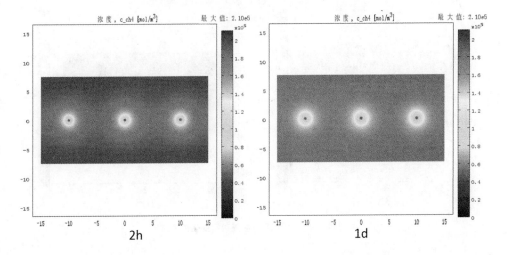

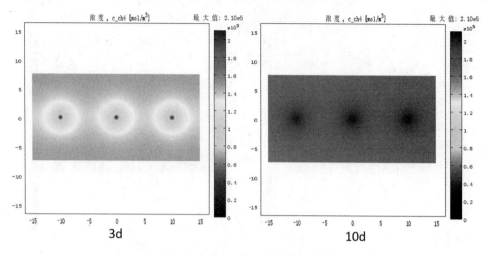

图 6.30　30 ℃时 CH₄浓度随时间变化模拟结果

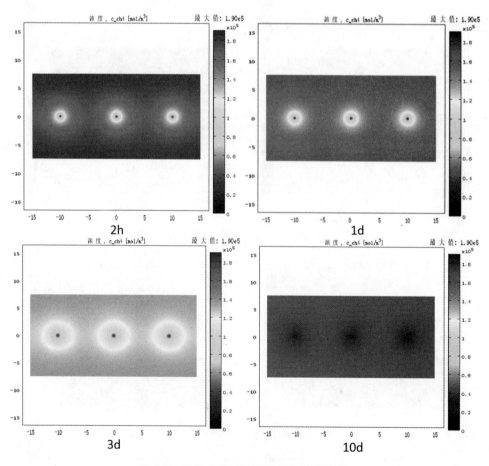

图 6.31　40 ℃时 CH₄浓度随时间变化模拟结果

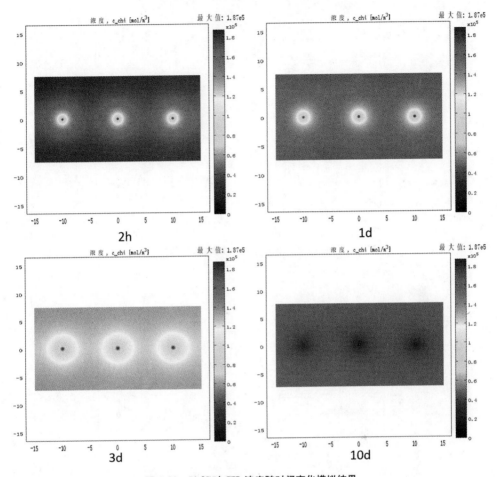

图 6.32 50 ℃时 CH_4 浓度随时间变化模拟结果

② 煤柱纵剖面上 CH_4 含量随时间变化

以煤柱纵剖面为研究目标，研究不同地温条件下，注入 CO_2 抽采过程中煤柱纵剖面上 CH_4 浓度随时间变化曲线，如图 6.33 至图 6.36 所示。

从图 6.33 至图 6.36 中可以看出，在同一温度条件下以 20 ℃为例，在 CO_2 注入抽采 2 h 时 CH_4 浓度为 2.172×10^4 mol/m³，降为初始浓度的 54.3%；CO_2 注入 1 d 时 CH_4 浓度变为 1.964×10^4 mol/m³，降为初始浓度的 49.1%；CO_2 注入 3 d 时 CH_4 浓度变为 0.898×10^4 mol/m³，降为初始浓度的 22.45%；最终 CO_2 注入到 10 d 时，CH_4 浓度变为 0.102×10^4 mol/m³，降为初始浓度的 2.55%。由此可见，CO_2 注入条件下，孔底 CH_4 浓度随排放时间增加呈现下降趋势，在初始 3 d 内浓度下降梯度较小；在 3 ~ 10 d 之间，虽然孔底 AB 线上瓦斯浓度也有所下降，但下降梯度不是十分明显。

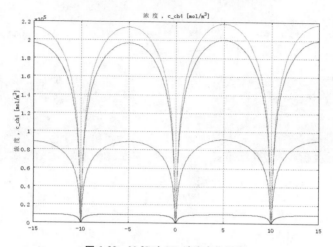

图 6.33   20 ℃时 CH_4 浓度变化规律

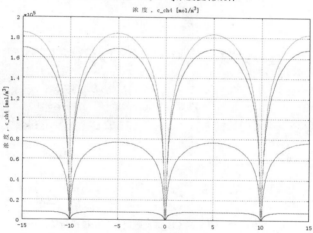

图 6.34   30 ℃时 CH_4 浓度变化规律

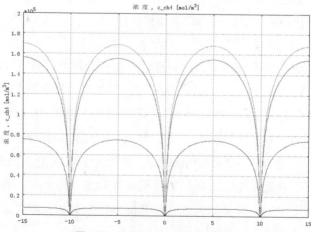

图 6.35   40 ℃时 CH_4 浓度变化规律

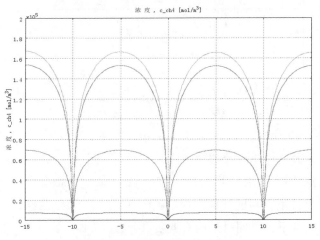

图 6.36 50 ℃时 CH$_4$ 浓度变化规律

（3）煤层注入 CO$_2$ 驱替 CH$_4$ 的结果分析

根据上述负压抽放和注入 CO$_2$ 抽放的模拟过程，最终得到两种抽采瓦斯方法模拟结果的比较，如表 6.3 所示。

表 6.3   20 ℃不同抽采工艺 1 d 和 10 d 井下 CH$_4$ 残存含量

抽采技术	抽采气浓度 / (mol·m^{-3})	抽采 1 d 残存量 / (mol·m^{-3})	变化幅度 /%	抽采 10 d 残存量 / (mol·m^{-3})	变化幅度 /%
抽放	4×10^4	1.986×10^4	49.65	0.638×10^4	15.95
注 CO$_2$ 抽放	4×10^4	1.964×10^4	49.10	0.102×10^4	2.55

通过上述模拟结果比较可以看出，利用 CO$_2$ 可以有效地驱替出煤层的 CH$_4$，从抽采 10 d 的数据可以看出，最终井下 CH$_4$ 浓度降低幅度普通抽放条件下为 15.95%，而注 CO$_2$ 抽放条件下为 2.55%，说明注入 CO$_2$ 可以有效地驱替出煤层吸附的 CH$_4$，进而提高瓦斯的采收率。

6.5 煤层注超临界 CO$_2$ 驱替 CH$_4$ 数值模拟

以某矿区有一宽为 15 m、长为 30 m 的残留煤柱，抽采其内部残留的 CH$_4$ 气体同时进行 CO$_2$ 的封存。为了方便模拟煤层抽采的过程，取出煤柱注气孔与出气孔中间段（长 15 m）的剖面中心部分为研究对象（煤柱厚度取 1 m），把实际抽采过程中的三维空间简化为二维问题，最终简化模型如图 6.37 所示。顶端受均匀载荷作用，顶底边界为固定端约束，左右边界为自由边界，超临界 CO$_2$ 从左端注入，右端为出气孔端。

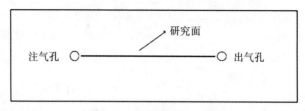

图 6.37 煤层注气开采布置图

在煤层埋深 800 m 处，在注气压力 8 MPa 条件下进行驱替过程模拟，得出模型出气孔端各组分气体质量分数变化情况与不同时间点 CH₄ 的质量分数分布图。

图 6.38 为不同注入压力下 CH₄ 不同时间点的质量分数分布；图 6.39 为注气压力为 8 MPa 条件下，不同埋深对应的 CH₄ 时间点质量分数分布；图 6.40 为煤层埋深 800 m 条件下，不同时刻的 CH₄ 质量分数分布。

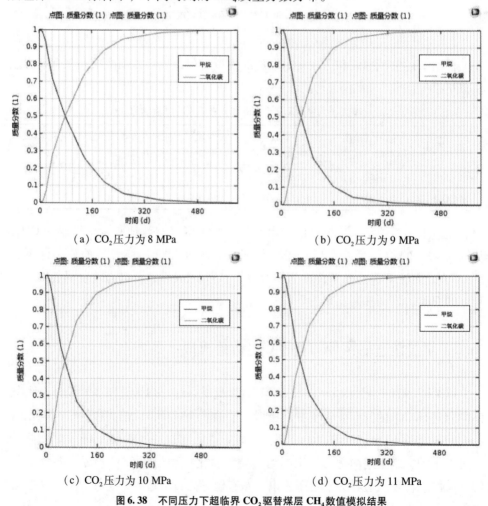

（a）CO₂ 压力为 8 MPa （b）CO₂ 压力为 9 MPa

（c）CO₂ 压力为 10 MPa （d）CO₂ 压力为 11 MPa

图 6.38 不同压力下超临界 CO₂ 驱替煤层 CH₄ 数值模拟结果

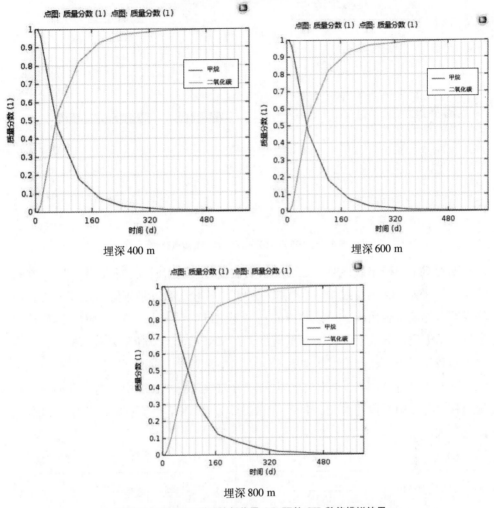

图 6.39　不同埋深煤层注超临界 CO₂驱替 CH₄数值模拟结果

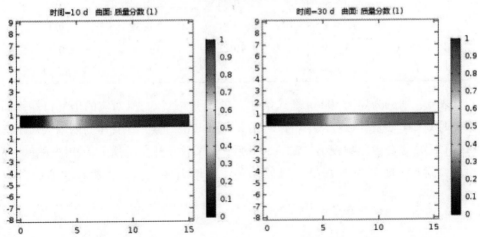

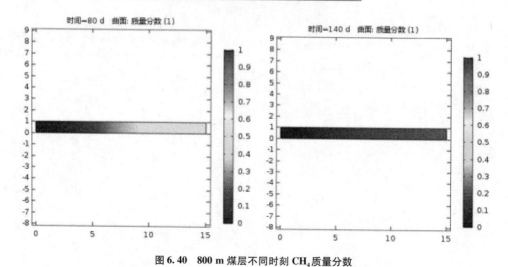

图 6.40   800 m 煤层不同时刻 CH_4 质量分数

随着 CO_2 突破出气口端，之后 CO_2 的质量分数随着时间推移逐渐上升。在持续注入超临界 CO_2 的过程中，出气口处的 CH_4 质量分数逐渐下降，说明 CH_4 被超临界 CO_2 逐渐驱替出来，由该曲线的斜率变化可以看出来，在 0 ~ 80 d 的区段内出气口 CH_4 质量分数下降速率逐渐增加，在 80 d 后其下降速率又逐渐减小，即在整个驱替过程中，超临界 CO_2 驱替 CH_4 的速率是先增大再逐渐减小。随着时间的推移和 CO_2 的持续注入，煤体中 CH_4 质量分数逐渐变小，煤中 CH_4 逐渐向出气口处运移，并在中间段两种气体的反应区，CH_4 与 CO_2 竞争吸附，CH_4 质量分数变化较大。

表 6.4   不同超临界 CO_2 压力下生产井 CH_4 质量分数   %

CO_2 压力/MPa	时间/d			
	10	30	80	140
8	0.99	0.86	0.48	0.2
9	0.99	0.81	0.38	0.15
10	0.99	0.81	0.36	0.14
11	0.98	0.78	0.36	0.14

表 6.4 所列为煤层 800 m 埋深条件下在不同注气压力所对应的出气口端不同驱替时刻 CH_4 质量分数。从中可以看出，在 10 d 的时候，注气压力的增大对出气口端 CH_4 质量分数影响较小，到了 30 d 后，随着注气压力的增大，相同驱替时间出气口附近 CH_4 质量分数呈下降的趋势，即增大注气压力，驱替速率也随之增加。

7 结 论

　　针对我国残留煤层较多、残煤中赋存的 CH_4 资源数量巨大及 CO_2 温室气体减排压力巨大等情况，本书基于渗流力学、固体力学和热力学等理论，利用试验研究、理论分析和数值模拟的方法，系统地研究了残留煤层储存 CO_2 驱替 CH_4 的渗流、扩散、吸附解吸和置换过程的机理及规律，得到以下主要结论。

　　（1）揭示了 CH_4 和 CO_2/超临界 CO_2 的渗透性随孔隙压力、煤样体积应力和温度的变化规律，即 CH_4 和 CO_2 的渗透性随孔隙压力变化符合正指数变化规律，随体积应力变化符合负指数变化规律，温度越高，CH_4 和 CO_2 的渗透性越小。

　　（2）等温条件下 CH_4 和 CO_2 吸附和解吸是可逆的，吸附量与压力之间符合 Langmuir 方程和解吸试验出现滞后现象等吸附解吸特征，混合气吸附量随压力的变化规律符合 Langmuir 方程，而煤对超临界 CO_2 吸附量和试件变形量随压力变化符合修正 D-R 方程。

　　（3）本书揭示了煤样体积应力、孔隙压力和温度对 CH_4 驱替量的影响规律。在相同温度条件下，CO_2 相对于 CH_4 分离因子越大的煤，注入 CO_2 孔隙压力越大、注入时间越长，则煤层体积应力越小、驱替效果越明显。CO_2 驱替 CH_4 降低煤样渗透性和强度，而超临界 CO_2 可以提高煤样渗透性。

　　（5）本书建立了热力条件下残留煤层注入 CO_2 驱替 CH_4 的渗流、扩散、吸附、解吸的力学模型，并进行了数值模拟计算，模拟结果表明：注入 CO_2 机理为通过减少煤层 CH_4 的分压和 CH_4/CO_2 之间竞争吸附双重作用进而提高 CH_4 的抽采率，残留煤层注入 CO_2 可以促进煤层中 CH_4 的解吸，进而提高煤层 CH_4 的采收率和达到 CO_2 地下封存的目的；同时环境温度的变化，也会对 CH_4 的解吸量产生影响，温度越高，CH_4 越容易解吸。上述模拟结果与试验结果一致。因此利用残留煤层储存 CO_2，不仅能够提高煤层 CH_4 的采收率，还可以实现 CO_2 的地下封存，是处置 CO_2 的一种既经济又环保的有效途径。

　　通过对不可采煤层或废弃矿井中的残留煤层注入 CO_2 以提高 CH_4 采收率，同时地下封存 CO_2，这明显是一种既经济又环保的双赢技术。但由于残留煤层受开采扰动影响后，在残留煤层内部煤层气与空气相混合，形成由 CH_4、N_2、CO_2 和 O_2 等组成的多元混合气体，因此可以进一步研究 O_2 对残留煤层 CH_4 抽采产生影响；并且 CO_2 注入煤层使煤层内部应力场分布发生改变，进而导致煤层物性的变化，因此还需要对 CO_2 埋存的安全性问题进行评估。

参考文献

[1] 聂锐,王迪. 中国能源消费的 CO_2 排放变动及其驱动因素分析[J]. 中国矿业大学学报,2011,3(1):73-78.

[2] 廖华,魏一鸣."十二五"中国能源和碳排放预测与展望[J]. 战略与决策研究,2011,26(2):150-153.

[3] 张洪涛,文冬光,李义连,等. 中国 CO_2 地质埋存条件分析及有关建议[J]. 地质通报,2005,24(12):1107-1110.

[4] 梁冰,孙可明. 低渗透煤层气开采理论及其应用[M]. 北京:科学出版社,2006.

[5] 叶建平,秦勇,林大扬. 中国煤层气资源[M]. 徐州:中国矿业大学出版社,1998.

[6] YU H,YUAN J,GUO W,et al. A preliminary laboratory experiment on coalbed methane displacement with carbon dioxide injection[J]. International Journal of Coal Geology,2008,73:156-166.

[7] PINIA R,OTTIGERA S,STORTIB G,et al. Pure and competitive adsorption of CO_2, CH_4 and N_2 on coal for ECBM[J]. Energy Procedia,2009(1):1705-1710.

[8] SCHREURS H C E. The feasibility potential and economy of Methane exploration by carbon dioxide injection[C]//Proceedings of the 2nd International CBM in 2002[M]. Xu zhou:China University of Mining and Technology Press,2002:79-87.

[9] 张子戌,刘高峰,张小东,等. CH_4/CO_2 不同浓度混合气体的吸附-解吸实验[J]. 煤炭学报,2009,34(4):551-555.

[10] 林刚,陈莉纯. 温室气体 CO_2 的收集、存储与再利用[J]. 低温与特气,1999,2:14-19.

[11] STEVENS S H,SCHOELING L,PEKOT L. CO_2 injection for enhanced coalbed methane recovery:project screening and design[C]//Proceedings of the 1999 International CBM Symposium,Tuscaloosa,Alabama. 1999:15-22.

[12] REEVES S R. The Coal-seq project:key results from field,laboratory,and modeling studies[C]//Proceeding of the 7th International Conference on Greenhouse

Gas Control Technologies(GHGT7). Oxford:Elsevier Ltd. ,2004: 1399–1403.

[13] 孙炳兴,王兆丰,伍厚荣.水力压裂增透技术在瓦斯抽采中的应用[J].煤炭科学技术,2010,38(11):78–80,

[14] 闫金鹏,刘泽功,姜秀雷,等.高瓦斯低透气性煤层水力压裂数值模拟研究[J].中国安全生产科学技术,2013,9(8):27–32.

[15] 李国旗,叶青,李建新,等.煤层水力压裂合理参数分析与工程实践[J].中国安全科学学报,2010,20(12): 73–78.

[16] 郭臣业,沈大富,张翠兰,等.煤矿井下控制水力压裂煤层增透关键技术及应用[J].煤炭科学技术,2015,43(2):114–118,122.

[17] 冯增朝,赵阳升,杨栋,等.割缝与钻孔排放煤层气的大煤样试验研究[J].天然气工业,2005,25(3):127–129.

[18] 唐巨鹏,李成全,潘一山.水力割缝开采低渗透煤层气应力场数值模拟[J].天然气工业,2004,24(10):93–95.

[19] 张冬丽,王新海,宋岩.考虑启动压力梯度的煤层气羽状水平井开采数值模拟[J].石油学报,2006,27(4): 89–92.

[20] 郭立波,李治平,王新海.煤层气定向羽状水平井开采数学模型的建立[J].油气田地面工程,2010,29(2): 6–7.

[21] 冯增朝.低渗透煤层瓦斯强化抽采理论及应用[M].北京:科学出版社,2008.

[22] 于洪观,范维唐,孙茂远,等.高压下煤对 CH₄/CO₂ 二元气体吸附等温线的研究[J].煤炭转化,2005,28(1):43–47.

[23] 杨胜来,崔飞飞,杨思松,等.煤层气渗流特征实验研究[J].中国煤层气,2005,2(1): 36–39.

[24] 梁冰,刘建军,范厚彬,等.非等温条件下煤层中瓦斯流动的数学模型与数值解法[J].岩石力学与工程学报,2000,19(1):1–5.

[25] 梁冰.温度对煤的瓦斯吸附性能影响的实验研究[J].黑龙江矿业学院学报,2000,10(3):20–22.

[26] 梁冰,高红梅,兰永伟.岩石渗透率与温度关系的理论分析和实验研究[J].岩石力学与工程学报,2005,24(12):2009–2012.

[27] 张广洋,胡耀华,姜德义.煤的瓦斯渗透性影响因素的探讨[J].重庆大学学报,1995,18(3):27–30.

[28] 张广洋,胡耀华,姜德义,等.煤的渗透性实验研究[J].贵州工学院学报,1995,24(4):65–68.

［29］曹树刚,李勇,郭平,等.型煤与原煤全应力-应变过程渗流特性对比研究［J］.岩石力学与工程学报,2010,29(2):899-906.

［30］徐增辉,刘光廷,叶源新,等.温度对软岩渗透系数影响［J］.中国矿业大学学报,2009,38(4):523-527.

［31］胡耀青,赵阳升,杨栋,等.温度对褐煤渗透特性影响的实验研究［J］.岩石力学与工程学报,2010,29(8):1585-1590.

［32］王登科,魏建平,尹光志.复杂应力路径下含瓦斯煤渗透性变化规律研究［J］.岩石力学与工程学报,2012,31(2):303-310.

［33］SOMERTON W. H,SÖYLEMEZOḠLU I M,DUDLEY R C. Effect of stress on permeability of coal［J］. International Journal of Rock Mechanics and Mining Sciences & Geomechanics Abstracts,1975,12(5-6):129-145.

［34］ENEVER J R E,HENNING A. The relationship between permeability and effective stress for Australian coal and its implications with respect to coalbed methane exploration and reservoir modeling［C］//Proceedings of the 1997 International Coalbed Methane Symposium. Alabama:The University of Alabama Tuscaloosa,1997:13-22.

［35］SNOW D T. Three hole pressure test for anisotropic foundation permeability［J］. Felsmechanik and Ingenieurgeologie,1966,4(4): 298-316.

［36］BAI M,ELSWORTH D. Modeling of subsidence and stress dependent hydraulic conductivity of intact and fractured porous media［J］. Rock Mechanics and Rock Engineering,1994,27(4):209-234.

［37］BAI M,ELSWORTH D,ROEGIERS J C. Multiporosity/multipermeability approach to the simulation of naturally fractured reservoirs［J］. Water Resources Research,1993,29(6):1621-1633.

［38］林柏泉,周世宁.煤样瓦斯渗透率的实验研究［J］.中国矿业学院学报,1987,16(1):21-28.

［39］赵阳升,胡耀青,杨栋,等.三维应力下吸附作用对煤岩体气体渗流规律影响的研究［J］.岩石力学与工程学报,1999,18(6):651-653.

［40］赵阳升,杨栋,郑少河,等.三维应力作用下岩石裂缝水渗流物性规律的实验研究［J］.中国科学(E 辑),1999,29(1):82-86.

［41］程瑞端.煤层瓦斯涌出规律及其深部开采预测的研究［D］.重庆:重庆大学,1996.

[42] BAI M, ELSWORTH D, ROEGIERS J C. Sorption irreversibilities and mixture compositional behavior during enhanced coal bed methane recovery processes [C]//SPE gas technology symposium. Society of Petroleum Engineers,1996.

[43] 张遂安,叶建平,唐书恒,等. 煤对 CH_4 气体吸附-解吸机理的可逆性实验研究 [J]. 天然气工业,2005,25(1):44-46.

[44] VISHAL V,SINGH T N. A laboratory investigation of permeability of coal to super-critical CO_2 [J]. Geotechnical & Geological Engineering,2015,33(4):1009-1016.

[45] RANATHUNGA A S,PERERA M S A,RANJITH P G,et al. A macro-scale experimental study of sub-and super-critical CO_2 flow behaviour in victorian brown coal [J]. Fuel,2015,158:864-873.

[46] RANATHUNGA A S,PERERA M S A,RANJITH P G,et al. Super-critical carbon dioxide flow behaviour in low rank coal: A meso-scale experimental study[J]. Journal of CO_2 Utilization,2017,20:1-13.

[47] 孙可明,吴迪,粟爱国,等. 超临界 CO_2 作用下煤体渗透性与孔隙压力-有效体积应力-温度耦合规律试验研究[J]. 岩石力学与工程学报,2013,32(S2):3760-3767.

[48] 唐书恒. 晋城地区煤储层特征及多元气体的吸附-解吸特征[D]. 徐州:中国矿业大学,2001.

[49] 唐书恒,汤达祯,杨起. 二元气体等温吸附-解吸中气分的变化规律[J]. 中国矿业大学学报,2004,33(4):448-452.

[50] 马东民. 煤层气吸附解吸机理研究[D]. 西安:西安科技大学,2008.

[51] KROOSS B M,BERGEN FVAN,GENSTERBLUM Y,et al. High-pressure methane and carbon dioxide adsorption on dry and moisture-equilibrated Pennsylvanian coals[J]. International Journal of Coal Geology,2002,51(2):69-92.

[52] 杨思敬,宁德义,刘云生. 煤的 CH_4 吸附量测定方法(高压容量法):MT/T 752—1997[S]. 北京:中国标准出版社,1997.

[53] 张庆玲,张遂安,崔永君. 煤的高压等温吸附试验方法容量法:GB/T 19560—2008[S]. 北京:中国标准出版社,2008.

[54] HALL F E,CHUNHE Z,GASEM K A M,et al. Adsorption of pure methane,nitrogen,and carbon dioxide and their binary mixtures on wet Fruitland coal[C]//SPE Eastern Regional Meeting. Society of Petroleum Engineers,1994.

[55] RUPPEL T C. Adsorption of methane/ethane mixtures on dry coal at elevated pressures[J]. Fuel,1972,51(10):297-303.

[56] SAUNDERS J T,BENJAMIN M C,YANG R T. Adsorption of gases on coals and heat treated coals at elevated temperature and pressure:adsorption from hydrogen-methane mixtures [J]. Fuel,1985,64(5): 621-626.

[57] HARPALANI S,PARITI U M. Study of sorption isotherm using a multicomponent gas mixture [C]//International Coalbed Methane Symposium. 1993:89-95.

[58] GREAVES K H,OWEN L B,MELENMAN J D,et al. Multicomponent adsorption-desorption behavior of coal[C]//Proceedings of the 1993 International Coalbed Methane Symposium,1993:22-27.

[59] GOETZ V,PUPIER O,GUILLOT A. Carbon dioxide-methane mixture adsorption on activated carbon[J]. Adsorption,2006,12(1):55-63.

[60] 张晓红,钱春江,彭建新.煤中多元气体的吸附与解吸[J].试采技术,2004,25(3): 23-24.

[61] 代世峰,张贝贝,朱长生,等.河北开滦矿区晚古生代煤对 CH_4/CO_2 二元气体等温吸附特性[J].煤炭学报,2009,34(5): 577-582.

[62] 于洪观,范维唐,孙茂远,等.煤对 CH_4/CO_2 二元气体等温吸附特性及其预测[J].煤炭学报,2005,30(5):618-622.

[63] 唐书恒,汤达祯,杨起.二元气体等温吸附实验及其对煤层 CH_4 开发的意义[J].中国地质大学学报,2004,29(2): 219-223.

[64] 张子戎,刘高峰,张小东,等. CH_4/CO_2 不同浓度混合气体的吸附-解吸实验[J].煤炭学报,2009,34(4):551-555.

[65] 李小彦,司胜利.我国煤储层煤层气解吸特征[J].煤田地质与勘探,2004,32(3): 27-29.

[66] 陈振宏,贾承造,宋岩,等.高煤阶与低煤阶煤层气藏物性差异及其成因[J].石油学报,2008,29(2): 179-184.

[67] 徐锋,吴强,张保勇.煤层气水合化的基础研究[J].化学工程,2009,37(2): 63-66.

[68] 崔永君,张庆玲,杨锡禄.不同煤的吸附性能及等量吸附热的变化规律[J].天然气工业,2003,23(4): 130-132.

[69] 崔永君,李育辉,张群.煤吸附 CH_4 的特征曲线及其在煤层气储集研究中的作用[J].科学通报,2005,50(5):76-81.

[70] 杨宏民,任子阳,王兆丰. 煤对气体吸附特征的研究现状及应用前景展望[J]. 煤,2009,118:1-4.

[71] 钟玲文. 煤的吸附性能及影响因素[J]. 地球科学,2004,29(3):327-333.

[72] 郭晓华,蔡卫,马尚权,等. CH_4 吸附模型在不同压力区间的适用性研究[J]. 煤炭技术,2010,29(6):180-183.

[73] 张庆玲,崔永君,曹利戈. 压力对不同变质程度煤的吸附性能影响分析[J]. 天然气工业,2004,24(1):17-21.

[74] 钟玲文,张新民. 煤的吸附能力与其煤化程度和煤岩组成间的关系[J]. 煤田地质与勘探,1990,4:29-35.

[75] YEE D,SEIDLE J P,HANSON W B. Gas sorption on coal and measurement of gas content[C]//LAW B E,RICE D D. Hydrocarbons from Coal,AAPG Studies in Geology #38. AAPG,Tulsa,Oklahoma,1993,203-218.

[76] LEVY J H,DAY S J,KILLINGLEY J S. Methane capacities of Bowen Basin coals related to coal properties[J]. Fuel,1997,74: 1-7.

[77] GAN H,NANDI S P,WALKER P L R. Nature of the porosity in American coals [J]. Fuel,1972,5: 272-277.

[78] LAMBERSON M N,BUSTIN R M. Coalbed methane characteristics of Gate Formation coals,Northeastern British Columbia: effect of maceral composition[J]. AAPG bulletin,1993,77(12):2062-2076.

[79] LEVINE J R,JONSON P W,BEAMISH B B. High-pressure microgravimetry provides a viable alternative to volumetric method in gas sorption studies on coal [C]// Proceedings of the 1993 International Coalbed Methane Symposium,Tuscaloosa,AL,1993: 187-195.

[80] UNSWORTH J F,FOWLER C S,JONES L F. Moister in coal Maceral effect on pore structure[J]. Fuel,1989,69:18-26.

[81] CROSDALE P J,BEAMISH B B,VALIX M. Coalbed methane sorption related to coal composition[J]. International Journal of Coal Geology,1998,35(1-4): 147-158.

[82] CECIL C B,STANTON R W,NEUZIL S G et al. Palaeoclimate controls on Late Palaeozoic sedimentation and peat formation in Central Appalachian Basins[J]. International Journal of Goal Geology,1985,5: 195-230.

[83] STACH E,MACKOWSKY M T,TEICHMULLER M,et al. Stach's textbook of coal

petrology[M]. Berlin-Stuttgart: Gebruder Borntraeger,1982.

[84] MEISSNERF F. Cretaceous and lower Tertiary coals as sources for gas accumulations in the Rocky Mountain area[C]//Denver: Rocky Mountain Association of Geologists,1984: 401-433.

[85] CHOATE R,MACCORD J P,RIGHTIME R T. Assessment of natural-gas form coal-beds bygeological characterization and production evaluation[C]//Oil and Assessment,AAPG Studies in Geology,1986,21:223-245.

[86] AYERS W B,KELSO B S. Knowledge of methane potential for coal-bed resource grows,but need more study[J]. Oil&Gas Journal,1989,87:66-67.

[87] GAN H NANDI S P,WALLER P L R. Nature of the porosity in American coals [J]. Fuel,1972(5):272-277.

[88] JOUBER J I,GREIN C T,BIENSTOCK D. Sorption of methane in moist coal[J]. Fuel,1973,52(3):181-185.

[89] JOUBER J I GREIN C T,BIENSTOCK D. Effect of moisture on the methane capacity of American coals[J]. Fuel,1974,53:186-191.

[90] KROOSS B M,BERGEN F,GENSTERBLUM Y,et al. High-pressure methane and dioxide adsorption on dry and moisture-equilibrated Pennsylvanian coals [J]. Geology,2002,51: 69-92.

[91] LAXMINARAYANA C,CROSDALE P J. Role of coal type and rank on methane sorption characteristics of Bowen Basin, Australia coals[J]. International Journal of Coal Geology,1999,40(4): 309-325.

[92] NIKOLAI S,ANDREAS B. Measurement and interpretation of supercritical CO_2 sorption on various coals[J]. International Journal of Coal Geology,2007,69:229 -242.

[93] HOL S,PEACH C J,Spiers C J. A new experimental method to deter-mine the CO_2 sorption capacity of coal[J]. Energy Procedia,2011,4:3125-3130.

[94] BAE J S,BHATIA S K. High-pressure adsorption of methane and carbon dioxide on coal[J]. Energy & Fuels,2006,20(6):2599-2607.

[95] BUSEH A,KROOSE B M. High-pressure adsorption of methane,carbon dioxide and their mixtures on coals with a special focus on the preferential sorption behavior[J]. Journal of Geochemical Exploration,2003,78-79:671-674.

[96] 郑新军,岳高伟,霍留鹏,等. 煤层封存 CO_2 性能的晶格理论模型及应用[J].

中国安全科学生产技术,2017,13(10):30-36.

[97] 孙家广. 深部无烟煤储层 CO_2-ECBM 的超临界 CO_2 吸附封闭机理[D]. 徐州: 中国矿业大学,2017.

[98] KOLAK J,BURRUSS R. Geochemical investigation of the potential for mobilizing non-methane hydrocarbon during carbon dioxide storage in deep coal beds[J]. Energy & Fuels,2006,20(2):566-574.

[99] DAMEN K,FAAIJ A,VAN F,et al. Identification of early opportunity for CO_2 sequestration-worldwide screening for CO_2-EOR and CO_2-ECBM projects[J]. Energy,2005,30(10): 1931-1952.

[100] KURNIAWAN Y,BHATIA S,RUDOLPH V. Simulation of binary mixture adsorption of methane and CO_2 at supercritical conditions in carbons[J]. AIChE Journal,2006,52(3): 957-967.

[101] JESSEN K,TANG G,KOVSCEK A. Laboratory and simulation investigation of enhanced coalbed methane recovery by gas injection[J]. Transport in Porous Media,2008,73(2): 141-159.

[102] THEODORE T,HIREN P,FAYYAZ N,et al. Overview of laboratory and modeling studies of carbon dioxide sequestration in coal beds[J]. Industrial and Engineering Chemistry Research,2004,43(12):2887-2901.

[103] 冯启言,周来,陈中伟,等. 煤层处置 CO_2 的二元气-固耦合数值模拟[J]. 高校地质学报,2009,15(1):63-68.

[104] 李向东,冯启言,刘波,等. 注入 CO_2 驱替煤层 CH_4 的试验研究[J]. 洁净煤技术,2009,16(2):101-102.

[105] 唐书恒,马彩霞,叶建平,等. 注 CO_2 提高煤层 CH_4 采收率的试验模拟[J]. 中国矿业大学学报,2006,35(5):607-611.

[106] 梁卫国,吴迪,赵阳升. CO_2 驱替煤层 CH_4 试验研究[J]. 岩石力学与工程学报,2010,29(4):665-673.

[107] LEE H H,KIM H J,SHI Y,et al. Competitive adsorption of CO_2/CH_4 mixture on dry and wet coal from subcritical to supercritical conditions[J]. Chemical Engineering Journal,2013,230:93-101.

[108] TOPOLNICKI J,KUDASIK M,DUTKA B. Simplified model of the CO_2/CH_4 exchange sorption process[J]. Fuel Processing Technology,2013,113:67-74.

[109] 梁卫国,张倍宁,韩俊杰,等. 超临界 CO_2 驱替煤层 CH_4 装置及试验研究

[J]. 煤炭学报,2014,39(8):1511-1520.

[110] YANG T,NIE B,YANG D,et al. Experimental research on displacing coal bed methane with supercritical CO_2[J]. Safety Science,2012,50:899-902.

[111] 李得飞. 超临界二氧化碳驱替煤层瓦斯研究[D]. 太原:太原理工大学,2012.

[112] 燕俊鑫. 超临界二氧化碳提高煤层气产气率机理的实验研究及应用[D]. 太原:太原理工大学,2016.

[113] 韩大匡. 油藏数值模拟基础[M]. 北京:石油工业出版社,1982.

[114] 孙可明,潘一山,梁冰. 流固耦合作用下深部煤层气井群开采数值模拟[J]. 岩石力学与工程学报,2007,26(5):994-1001.

[115] 吴嗣跃,郑爱玲. 注气驱替煤层气的三维多组分流动模型[J]. 天然气地球科学,2007,18(4):581-583.

[116] KROOSS B M,VAN BERGEN F,GENSTERBLUM Y,et al. High-pressure methane and carbon dioxide adsorption on dry and moisture-equilibrated Pennsylvanian coals[J]. International Journal of Coal Geology,2002,51(2):69-92.

[117] STUART D,ROBYN F,RICHARD S. Swelling of Australian coals in Supercritical CO_2[J]. International Journal of Coal Geology,2008,74:41-52.

[118] PERERA M S A,RANJITH P G,CHOI S K,et al. The effects of sub-critical and super-critical carbon dioxide adsorption-induced coal matrix swelling on the permeability of naturally fractured black coal[J]. Energy,2011,36(11):6442-6450.

[119] 孙可明,李天舒,辛利伟,等. 超临界 CO_2 作用下煤体膨胀变形规律试验研究[J]. 实验力学,2017,32(1):94-100.

[120] 贾金龙. 超临界 CO_2 注入无烟煤储层煤岩应力应变效应的实验模拟研究[D]. 徐州:中国矿业大学,2016.

[121] 牛严伟. 超临界 CO_2 注入无烟煤储层引起的渗透率变化模拟研究[D]. 徐州:中国矿业大学,2016.

[122] 岳立新,孙可明,郝志勇. 超临界 CO_2 提高煤层渗透性的增透规律研究[J]. 中国矿业大学学报,2014,43(2):319-324.

[123] PERERA M S A,RANJITH P G,VIETE D R. Effects of gaseous and super-critical carbon dioxide saturation on the mechanical properties of bituminous coal from the Southern Sydney Basin[J]. Applied Energy,2013,110:73-81.

［124］ RANATHUNGA A S,PERERA M S A,RANJITH P G,et al. Super-critical CO_2 saturation-induced mechanical property alterations in low rank coal：An experimental study［J］. Journal of Supercritical Fluids,2016,109：134-140.

［125］ ANGGARA F,SASAKI K,RODRIGUES S,et al. The effect of megascopic texture on swelling of a low rank coal in supercritical carbon dioxide［J］. International Journal of Coal Geology,2014,125：45-56.

［126］ZHANG Y,LEBEDEV M,SARMADIVALEH M,et al. Swelling-induced changes in coal micro-structure due to supercritical CO_2 injection［J］. Geophysical Research Letters,2016,43(17)：9077-9083.

［127］ LIU C J,WANG G X,SANG S X,et al. Changes in pore structure of anthracite coal associated with CO_2 sequestration process ［J］. Fuel,2010,89(10)：2665-2672.

［128］ KUTCHKO B G,GOODMAN A L,ROSENBAUM E,et al. Characterization of coal before and after supercritical CO_2 exposure via feature relocation using field-emission scanning electron microscopy［J］. Fuel,2013,107：777-786.

［129］ 杨涛,杨栋. 注入超临界 CO_2 对提高煤层渗透性的影响［J］. 煤炭科学技术, 2010,38(4)：108-110.

［130］ 王倩倩. 超临界二氧化碳流体对煤体理化性质及吸附性能的作用规律［D］. 昆明:昆明理工大学,2016.

［131］ 王治洋. 超临界 CO_2 与煤流固耦合的煤岩物性演变及其机理［D］. 徐州:中国矿业大学,2016.

［132］ ZHANG D,GU L,LI S,et al. Interactions of supercritical CO_2 with coal［J］. Energy & Fuels,2013,27(1)：387-393.

［133］ 薛定谔 A E. 多孔介质中的渗透物理［M］. 忘鸿勋,等译. 北京:石油工业出版社,1982.

［134］ 刘景旺,顾炳鸿. 超临界二氧化碳流体［J］. 化学教学,2001,06：21-22

［135］ THIMONS E D,KISSELL F N. Diffusion of methane through coal［J］. Fuel, 1973,52(4)：274-280.

［136］ JOUBERT J I,GREIN C T,BIENSTOCK D. Sorption of methane in moist coal ［J］. Fuel,1973,52：181-185.

［137］ JOUBERT J I,GREIN C T,BIENSTOCK D. Effect of moisture on the methane capacity of American coals［J］. Fuel,1974,53：186-191.

[138] 张新民,庄军,张遂安.中国煤层气地质与资源评价[M].北京:科学出版社, 2002.

[139] 吴迪.CO_2驱替煤层瓦斯机理与实验研究[D].太原:太原理工大学,2010.

[140] 林瑞泰.多孔介质传热传质理论[M].北京:科学出版社,1995.

[141] SMITH D M,WILLIAMS F L. Diffusional effects in the recovery of methane from coalbeds[J]. Society of Petroleum Engineers Journal,1984,24(5):529-535.

[142] 程远平,刘洪永,郭品坤,等.深部含瓦斯煤体渗透率演化及卸荷增透理论模型[J].煤炭学报,2014,39(8): 1650-1658.

[143] 隆清明,赵旭生,牟景珊.孔隙气压对煤层气体渗透性影响的实验研究[J].矿业安全与环保,2008,35(1):10-12.

[144] 周世宁.瓦斯在煤层中的流动机理[J].煤炭学报,1990,15(1): 15-58.

[145] 李志强,鲜学福,隆晴明.不同温度应力条件下煤体渗透率实验研究[J].中国矿业大学学报,2009,38(4):523-527.

[146] ENEVER J R E,HENNING A. The relationship between permeability and effective stress for Australian coal and its implications with respect to coalbed methane exploration and reservoir modeling[C]// Proceedings of the 1997 International Coalbed Methane Symposium,1997:13-22.

[147] 钱凯,赵庆波.煤层甲烷气勘探开发理论与实验测试技术[M].北京:石油工业出版社,1996.

[148] KRISTIAN JESSEN,TANG G,ANTHONY R. Laboratory and Simulation Investigation of Enhanced Coalbed Methane Recovery by Gas Injection[J]. Transport in Porous Media,2008,73: 141-159.

[149] DURUCAN S,EDWARDS J S. The effect s of stress and fracturing on permeability of coal[J]. Mining Sciences and Technology,1986,3 (3): 205-216.

[150] MCKEE C R,BUMB A C,KOENIG R A. Stress-dependent permeability and porosity of coal[C]//FASSETT J E. Geology and Coal-bed Methane Resources of the Northern San Juan Basin. Colorado,USA: Rocky Mountain Association of Geologists Guidebook,1988: 143-153.

[151] 赵阳升,胡耀青,杨栋,等.三维应力下吸附作用对煤岩体气体渗流规律影响的试验研究[J].岩石力学与工程学报,1999,18(6): 651-653.

[152] 刘均荣,秦积舜,吴晓东.温度对岩石渗透率影响的实验研究[J].石油大学学报,2001,25(4): 51-53.

［153］贺玉龙,杨立中. 温度和有效应力对砂岩渗透率的影响机理研究［J］. 岩石力学与工程学报,2005,24(12): 2420-2427.

［154］BARBER J R. Elasticity［M］. 2nd ed. Springer Netherlands,313-325.

［155］傅雪海,秦勇,李贵中,等. 山西沁水盆地中南部煤储层渗透率影响因素［J］. 地质力学学报,2001,7 (1): 45 -52.

［156］张遂安,叶建平,唐书恒,等. 煤对 CH_4 气体吸附-解吸机理的可逆性实验研究［J］. 天然气工业,2005,25(1): 44-46.

［157］马东民,张遂安,蔺亚兵. 煤的等温吸附-解吸实验及其精确拟合［J］. 煤炭学报,2010,36(3):477-480.

［158］STEVENSON M D,PINEZEWSKI W V,SOMERS M L,et al. Adsorption/desorption of multicomponent gas mixture at in-seam conditions ［C］// Proceedings of SPE Asia-Pacific conference,Society of Petroleum Engineers,1991: 741-756.

［159］BRUNAUER S,EMMETT P H,TELLER E. Adsorption of gases in multimolecular layers［J］. Journal of the American chemical society,1938,60: 309-319.

［160］DUBININ M M. The potential theory of adsorption of gases and vapors for adsorbents with energetically non-uniform surfaces［J］. Chemical Reviews, 1960,60 (60): 235-241.

［161］SAKUROVS R,DAY S,WEIR S,et al. Application of a modified Dubinin-Radushkevich equation to adsorption of gases by coals under supercritical conditions ［J］. Energy& fuels,2007,21:992-997.

［162］LAXMINARAYANA C,CROSDALE P J. Modeling methane adsorption isotherms using pore filling models: a case study on India coals［C］//Proceedings of 1999 International coalbed methane symposium,1999:117-129.

［163］徐永昌. 天然气成因理论及应用［M］. 北京:科学出版社,1994.

［164］DAY S,FRY R,SAKUROVS R. Swelling of Australian coals in supercritical CO_2 ［J］. International Journal of Coal Geology,2008,74(1):41-52.

［165］SIEMONS N,BUSCH A. Measurement and interpretation of supercritical CO_2 sorption on various coals［J］. International Journal of Coal Geology, 2007,69 (4),229-242.

［166］OZDEMIR E. Dynamic nature of supercritical CO_2 adsorption on coals［J］. Adsorption,2017,23(1):25-36.

［167］RUTHVEN D M. Principles of adsorption and adsorption Processes［M］. New

York：John Wiley & Sons，1984.

[168] YANG R T，SAUNDERS J T. Adsorption of gases on coals and heat-treated coals at elevated temperature and pressure[J]. Fuel，1985：314-327.

[169] 涂乙,谢传礼,李武广,等.煤层对 CO_2、CH_4 和 N_2 吸附/解吸规律研究[J].煤炭技术科学,2012,40(2):70-72.

[170] 唐书恒,汤达祯,杨起.气体等温吸附-解吸中气分的变化规律[J].中国矿业大学学报,2004,33 (4):448-452.

[171] 周军平. CH_4、CO_2、N_2 及其多元气体在煤层中的吸附-运移机理研究[D].重庆:重庆大学,2010.

[172] 刘洋.长壁留煤柱支撑法开采煤柱优化设计及破坏的可监测性研究[D].西安:西安科技大学,2006.

[173] 吴迪,孙可明,肖晓春,等.块状型煤中甲烷的非等温吸附-解吸试验研究[J].中国安全科学学报,2012,22(12): 122-126.

[174] ARRI L E，YEE D，MORGAN W D，et al. Modeling coalbed methane production with binary gas sorption[C]// SPE rocky mountain regional meeting，Society of Petroleum Engineers，1992.

[175] 李士伦,周守信,杜建芬,等.国内外注气提高石油采收率技术回顾与展望[J].油气地质与采收率,2002,9(2):1-5.

[176] 姚胜林,陈明强,王克伟,等.提高采收率研究现状[J].石油化工应用,2009,28(4):1-3.

[177] 易俊,鲜学福,姜永东,等.煤储层瓦斯激励开采技术及其适应性[J].中国矿业,2005,14(12):26-29.

[178] 范志强.中国 CO_2 注入提高煤层气采收率先导性试验技术[M].北京:地质出版社,2008.

[179] 杨宏民.井下注气驱替煤层 CH_4 机理及规律研究[D].焦作:河南理工大学,2010.

[180] 何龙.川东北地区优快钻井配套技术[J].钻采工艺,2008,31(4):32-35.

[181] 李文忠,郭勤.陕北浅层油田定向钻井技术配套的实践[J].西部探矿工程,2004,16(7):64-65.

[182] 周世宁,林柏泉.煤层瓦斯赋存与流动理论[M].北京:煤炭工业出版社,1999.

[183] 张义,鲜保安,赵庆波,等.超短半径径向水平井新技术及其在煤层气开采中

的应用[J].中国煤层气,2008,5(3):20-24.

[184] 侯玉品,张永利,章梦涛.超短半径水平井开采煤层气的探讨[J].河南理工大学学报,2005,24(1):46-49.

[185] 杨新乐,张永利,章梦涛.超短半径水平钻井技术在煤层气开采中的应用[J].煤炭工程,2006(8):25-26.

[186] 刘玉洲,陆庭侃,柳晓莉.煤层气井超短半径自进式水平钻井技术研究[J].天然气工业,2006,26(2):69-72.

[187] 张芳,朱合华,李成全.煤岩钻孔水射流自旋转喷头限速研究[J].辽宁工程技术大学学报,2005,24(2):205-207.

[188] 张义,周卫东.煤层水力自旋转钻扩孔射流钻头研究[C]//中国石油大学(华东)优秀毕业论文集.东营:石油大学出版社,2005.

[189] 孙平,刘洪林,巢海燕,等.低煤阶煤层气勘探思路[J].天然气工业,2008,28(3):19-22.

[190] 杨永印,杨海滨,王瑞和,等.超短半径辐射分支水平钻井技术在韦5井的应用[J].石油钻采工艺,2006,28(2):11-14.

[191] 朱峰,刘东方.径向水平井转向器技术的新发展[J].石油机械,2005,33(2):48-49.

[192] 王广新,曹海鹏.无线随钻测井系统介绍及其应用[J].石油仪器,2008,22(1):1-4.

[193] 江山,王新海,张晓红,等.定向羽状分支水平井开发煤层气现状及发展趋势[J].钻采工艺,2004,27(2):4-6.

[194] 鲜保安,高德利,李安启.煤层气定向羽状水平井开采机理与应用分析[J].天然气工业,2005,25(1):114-116.

[195] 程林松,李春兰.气藏分支水平井产能的计算方法[J].石油学报,1998,19(4):69-72.

[196] 李文阳.中国煤层气勘探与开发[M].徐州:中国矿业大学出版社,2003:331-332.

[197] 肖晓春.滑脱效应影响的低渗透储层煤层气运移规律研究[D].阜新:辽宁工程技术大学,2009.